BIANYAQILEI SHEBEI

DIANXING QUEXIAN JI GUZHANG FENXI

# 变压器类设备

# 典型缺陷及故障分析

广东电网有限责任公司东莞供电局 编

中国电力出版社
CHINA ELECTRIC POWER PRESS

## 内 容 提 要


本书共分三部分，主要内容包括 110kV 及以上主变压器类设备典型缺陷、110kV 及以上互感器类设备典型缺陷和其他类型设备典型缺陷。

本书主要作为变电站检修人员进行故障和缺陷处理的指导用书，也可作为变电检修专业人员的学习参考书。



**图书在版编目（CIP）数据**

变压器类设备典型缺陷及故障分析／广东电网有限责任公司东莞供电局编. —北京：中国电力出版社，2015. 2（2019.12 重印）

ISBN 978-7-5123-6913-9

Ⅰ. ①变…　Ⅱ. ①广…　Ⅲ. ①变压器故障-故障诊断　Ⅳ. ①TM407

中国版本图书馆 CIP 数据核字（2014）第 296924 号

中国电力出版社出版、发行

（北京市东城区北京站西街 19 号　100005　http：//www. cepp. sgcc. com. cn）

北京瑞禾彩色印刷有限公司印刷

各地新华书店经售

*

2015 年 2 月第一版　　2019 年12月北京第二次印刷

710 毫米×980 毫米　16 开本　8 印张　103 千字

印数 2001—3000 册　　定价 **42. 00** 元

# 编委会

# 前　言

设备事故及缺陷的处理经验是电力生产中积累的宝贵财富，以前车之鉴，兴后事之师，举一反三，方能有备无患。本书主要收集广东电网有限责任公司东莞供电局变电管理二所近年来电力一次设备运行、验收、维护、检修中出现的各类故障及典型缺陷，并从问题的表象、处理情况、原因分析、防范措施等方面详细阐述，务求把电力一次设备各类故障及典型缺陷真实地、多维地展现出来，分享设备缺陷分析及处理经验，为设备的管理工作提供参考，以提升设备管理水平。

本书集东莞供电局变电管理二所一线检修人员的智慧，由各技术人员分头编写，语言朴素、素材真实、图文并茂，经检修专业各专家指导、专业管理人员审核，是变电检修专业近几年的工作经验所在。

由于编写时间所限，书中难免存在疏漏之处，恳请各位专家和读者批评指正。

编者

**2014. 10**

# 目 录

# 第1部分

# 110kV 及以上主变压器类设备典型缺陷

# 1 500kV 某变电站 1 号主变压器 B 相油化验异常情况

## 1 设备参数

（1）设备名称：1 号主变压器 B 相。

（2）设备型号：SUB。

（3）出厂日期：2004 年。

（4）额定容量：334/334/100MVA。

（5）额定电压比：$525/\sqrt{3}/242/\sqrt{3}/34.5$kV。

（6）额定电流：1102/2391/2899A。

（7）调压方式：无载调压。

## 2 设备故障情况

2013 年 8 月 8 日，温度 28℃，湿度 54%，晴。化学专业工作人员在 500kV 某变电站 1 号主变压器 B 相预防性试验中，发现油色谱中的乙炔（0.39μL/L）、甲烷、乙烯及总烃含量与 5 月 24 日预防性试验的试验数据相比有较大的增长，总烃相对产气速率高达 79.4%（规程注意值为 10%），具体试验数据见表 1-1。该变电站 1 号主变压器近期负荷较高，在 6 月 21 日 16 时最高负荷达 902MW。

8 月 8 日，该变电站 220kV 系统的运行方式为 220kV 母线“1+3”分列运行，即该变电站 220kV Ⅰ母线挂 1 号主变压器、莞垅甲乙线、莞大甲线运行，Ⅱ母线挂 2 号主变压器、莞北甲乙线、莞和甲乙线、莞大乙线运行，Ⅴ母线挂 3 号主变压器、莞新甲线、莞景甲线、莞水甲线（断路器热备用，线路由对侧充电）、莞彭甲线运行，Ⅵ母线挂 4 号主变压器、莞新乙线、莞景乙线、莞水乙线（断路器热备用，线路由对侧充电）、莞彭乙线运行；母联 2056 断路器、分段 2026 断路器运行，母联 2012 断路器、分段 2015 断路器热备用（需要注意该变电站220kV Ⅰ母线仍通过莞大甲乙线与Ⅱ、Ⅴ、Ⅵ母线合环运行）。该变电站主变压器接线图如图1-1所示。

表1-1　　1号主变压器B相油色谱分析数据　　μL/L

| 测试时间 | 各组分含量 | | | | | | | | 转化为混合浓度含量 |
|---|---|---|---|---|---|---|---|---|---|
| | 氢（$H_2$） | 甲烷（$CH_4$） | 乙烷（$C_2H_6$） | 乙烯（$C_2H_4$） | 乙炔（$C_2H_2$） | 一氧化碳（CO） | 二氧化碳（$CO_2$） | 总烃 | |
| 2013-4-26 | 7.87 | 13.75 | 7.8 | 0.64 | 0 | 212 | 1935 | 22.19 | 42 |
| 2013-5-24 | 6.36 | 13.31 | 7.17 | 0.38 | 0 | 191 | 1684 | 20.86 | 37 |
| 2013-8-8上午 | 10.94 | 33.10 | 11.90 | 36.76 | 0.37 | 194 | 2157 | 82.13 | 44 |
| 2013-8-8下午 | 12.09 | 33.93 | 12.34 | 37.22 | 0.39 | 203 | 2180 | 83.88 | 47 |
| 2013-8-8 19：40 | 13.05 | 33.91 | 11.88 | 36.47 | 0.37 | 175 | 2672 | 82.63 | 43 |

**注**　仪表为中分2000B气相色谱仪。

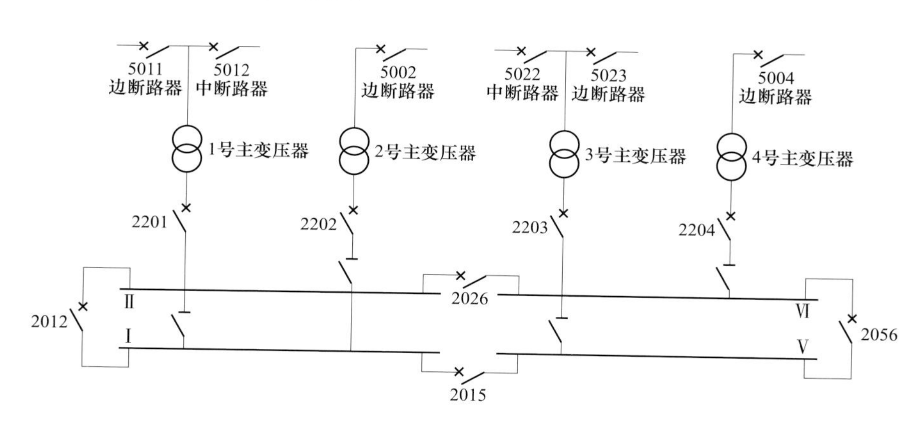


图1-1　变电站主变压器接线图

## 3 故障分析

### 3.1 初步原因分析

针对该变电站1号主变压器B相油化验异常情况，厂家给出的初步分析意见认为，1号主变压器B相中含有乙炔应该是由金属性发热引起的。结合试验人员提供的试验数据以及厂家给出的分析意见，初步推测变压器油中出现乙炔的原因可能有：

（1）1号主变压器B相内部存在尖端闪络放电，产生乙炔。

（2）变压器油中的金属性杂质，在强电磁场的作用下发生放电，产生乙炔。

（3）1号主变压器B相的引线接头、无载断路器抽头等部位存在发热情况，产生乙炔。

（4）1号主变压器B相内部存在打火性放电。这种放电现象一般可能发生在拉紧螺母、螺杆等存在电位差的部分。

（5）在负荷较重或相间负荷电压差过大等磁饱和的情况下，铁芯发热，产生乙炔。

（6）潜油泵工作时轴承相互摩擦、涡轮运转产生金属性发热，产生乙炔。

### 3.2 停电检查试验及结果分析

#### 3.2.1 油色谱数据跟踪

在2013年5月24日前，1号主变压器B相油色谱试验数据一直正常，在本次预防性试验发现异常后，对1号主变压器本体乙炔含量进行定期跟踪，密切关注油中溶解气体的变化趋势，监测数据见表1-2。

**表1-2　1号主变压器B相油色谱定期监测数据**　μL/L

| 测试时间 | 组分含量 | | | | | | | |
|---|---|---|---|---|---|---|---|---|
| | 氢（$H_2$） | 甲烷（$CH_4$） | 乙烷（$C_2H_6$） | 乙烯（$C_2H_4$） | 乙炔（$C_2H_2$） | 一氧化碳（CO） | 二氧化碳（$CO_2$） | 总烃 |
| 2013-8-8 上午 | 10.94 | 33.10 | 11.90 | 36.76 | 0.37 | 194 | 2157 | 82.13 |
| 2013-8-8 下午 | 12.09 | 33.93 | 12.34 | 37.22 | 0.39 | 203 | 2180 | 83.88 |
| 2013-8-8 19:40 | 13.05 | 33.91 | 11.88 | 36.47 | 0.37 | 175 | 2672 | 82.63 |
| 2013-8-15 | 11.43 | 35.1 | 12.28 | 37.92 | 0.34 | 209 | 2258 | 85.64 |
| 2013-8-22 | 11.19 | 36.22 | 12.67 | 40.02 | 0.30 | 216 | 2351 | 89.21 |
| 2013-8-29 | 10.17 | 35.23 | 12.45 | 37.56 | 0.27 | 206 | 2226 | 85.51 |
| 2013-9-5 | 10.46 | 37.22 | 12.61 | 38.23 | 0.27 | 220 | 2251 | 88.33 |

**注**　仪表为中分2000B气相色谱仪。

### 3.2.2 停电检查试验

为确保设备安全运行，控制电网运行风险，9 月 7~8 日，成立了 40 多人的现场检查试验工作组，按照相关试验方案，有条不紊地开展 1 号主变压器各项检查试验工作，工作现场图片如图 1-2~图 1-4 所示。

1 号主变压器停电检查试验项目包括绕组直流电阻测试、绕组绝缘电阻及吸收比测试、绕组介质损耗（简称介损）及电容量测试、套管介损及电容量测试、铁芯及夹件绝缘电阻测试、绕组变形试验、B 相绝缘油色谱试验、B 相长时感应电压（带局部放电测量）试验、潜油泵启动电流测试等。经过与历年试验结果比对分析，常规电气试验数据发展趋势平稳，无明显

图 1-2　试验工作开始前安全技术交底

图 1-3　现场安全管控工作

图 1-4　感应耐压及局部放电试验现场

变化，符合相关试验规程要求；B 相绝缘油色谱试验与跟踪测试结果对比，油中溶解气体含量无明显增长，乙炔含量稳定，趋势平稳，如图 1-5 所示；B 相长时感应电压（带局部放电测量）试验过程无异常，试验结果合格；潜油泵启动电流测试结果正常，排除了潜油泵启动发热产生乙炔的可能。综合分析表明：该变电站 1 号主变压器三相本体各项检查试验结果正常，未发现异常情况。

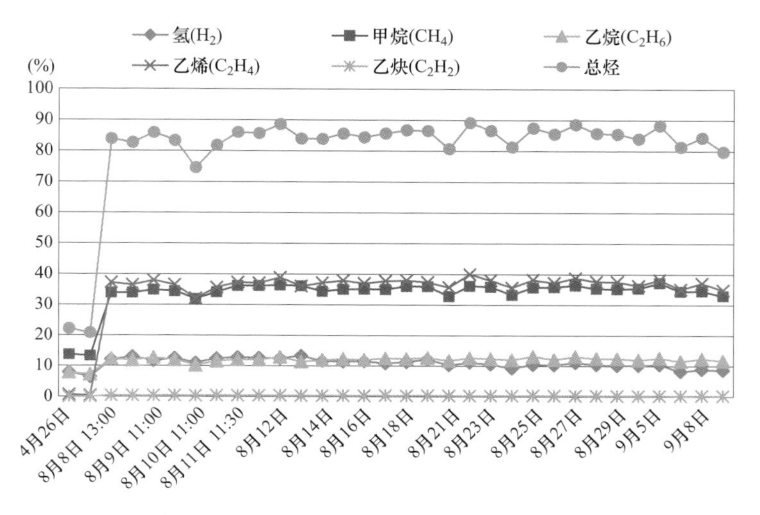


图 1-5　变电站 1 号主变压器 B 相油中气体含量变化趋势图

### 3.2.3 试验结果分析

针对8月8日~9月6日定期跟踪过程中在线监测的数据以及9月7日的停电试验数据，厂方给出了分析意见：一般来说，乙炔是由电弧放电或者金属件过热产生的。如果是电弧放电，则产生乙炔的同时氢气的含量会同步增加。但从色谱分析的数据来看，氢气的含量较低且稳定，因此可以判断电弧放电的可能性较低。另外，出现了少量的乙烯，从这一点来看可能出现金属过热现象。但二氧化碳与一氧化碳的含量比超过3，这又与金属件过热相矛盾。综上所述，可以判断为偶然性的暂态因素导致乙炔的产生。

检修技术人员分析了1号主变压器油色谱试验、停电试验情况，提出了两种可能产生乙炔的原因，分别是：

（1）变压器油中的金属性杂质，在强电磁场的作用下发生放电，产生乙炔。

（2）在潜油泵工作时，轴承相互摩擦、涡轮运转产生金属性发热，产生乙炔。

## 4 同类型设备情况

500kVA变电站2号主变压器与该变电站1号主变压器型号相同。2009年12月10日，试验人员对500kVA变电站2号主变压器进行预防性试验时，发现2号主变压器A相中含有乙炔（0.26μL/L），之后对2号主变压器A相进行在线监测并定期进行绝缘油色谱试验时，发现乙炔含量有下降趋势，至2011年12月5日后油中没有检出乙炔，具体数据见表1-3。

表1-3　　2号主变压器A相油色谱分析数据　　μL/L

| 测试时间 | 组分含量 | | | | | | | |
|---|---|---|---|---|---|---|---|---|
| | 氢（$H_2$） | 甲烷（$CH_4$） | 乙烷（$C_2H_6$） | 乙烯（$C_2H_4$） | 乙炔（$C_2H_2$） | 一氧化碳（CO） | 二氧化碳（$CO_2$） | 总烃 |
| 2009-12-10 | 11.53 | 28.6 | 15.67 | 20.39 | 0.26 | 148 | 2228 | 64.92 |
| 2010-1-5 | 8.53 | 27.75 | 14.82 | 19.08 | 0.21 | 135 | 2195 | 61.86 |
| 2010-3-16 | 7.48 | 26.47 | 13.34 | 16.67 | 0.17 | 125 | 2046 | 56.65 |

续表

| 测试时间 | 组分含量 | | | | | | | |
|---|---|---|---|---|---|---|---|---|
| | 氢（$H_2$） | 甲烷（$CH_4$） | 乙烷（$C_2H_6$） | 乙烯（$C_2H_4$） | 乙炔（$C_2H_2$） | 一氧化碳（CO） | 二氧化碳（$CO_2$） | 总烃 |
| 2010-6-7 | 5.17 | 26.05 | 13.66 | 13.21 | 0.12 | 143 | 2468 | 53.04 |
| 2010-7-20 | 4.86 | 25.82 | 13.15 | 16.80 | 0.11 | 295 | 2679 | 55.88 |
| 2010-8-18 | 4.81 | 29.21 | 15.26 | 18.19 | 0 | 263 | 2717 | 62.66 |
| 2010-9-21 | 4.16 | 27.1 | 14.27 | 16.42 | 0 | 228 | 2501 | 57.79 |
| 2010-12-28 | 3.48 | 28.92 | 15.01 | 16.48 | 0.16 | 253 | 2408 | 60.57 |
| 2011-3-14 | 2.84 | 32.27 | 17.66 | 20.26 | 0.15 | 295 | 2737 | 70.34 |
| 2011-6-13 | 1.97 | 29.13 | 15.05 | 16.91 | 0.10 | 261 | 2575 | 61.19 |
| 2011-12-5 | 1.32 | 30.28 | 17.48 | 17.96 | 0 | 265 | 2729 | 65.72 |
| 2012-3-14 | 0.78 | 30.27 | 17.76 | 17.90 | 0 | 267 | 2673 | 65.93 |
| 2013-1-15 | 1.40 | 32.21 | 18.04 | 16.04 | 0 | 244 | 2699 | 66.29 |
| 2013-3-12 | 1.47 | 41.78 | 23.47 | 20.9 | 0 | 412 | 3696 | 86.15 |
| 2013-6-19 | 0.71 | 31.37 | 17.04 | 15.91 | 0 | 269 | 3322 | 64.32 |

## 5 防范措施

（1）1号主变压器可以重新投入运行，建议尽可能将负荷控制在850MVA以下。

（2）继续做好1号主变压器的状态监测，安排专人每天对油色谱在线监测数据进行分析；加强日常巡视、红外测温。具体工作要求为：

1）在9月15日前，每周开展两次油色谱离线测试工作，每天进行一次红外测温成像、铁芯接地电流测试、油色谱在线监测、负荷变化及主变压器温度监测等工作，并以每日一报的形式汇总在线监测数据，上报设备部。

2）在9月16~30日期间，每周开展一次红外测温成像、铁芯接地电流测试、油色谱离线测试，每天进行油色谱在线数据、负荷变化及主变压器温度监测等工作，并以每周一报的形式汇总在线监测数据，上报设备部。

3）在9月30日至主变压器更换前，每半个月开展一次红外测温成像、铁芯接地电流测试、油色谱离线测试，每天进行油色谱在线数据、负荷变化及主变压器温度监测等工作，并以半月报的形式汇总在线监测数据，上报设备部。设备部根据设备运行情况，可对在线监测周期进行调整。

4）技术专业人员对每期在线监测数据进行分析，评估 1 号主变压器 B 相运行状态。

（3）在油色谱分析等监测数据没有明显变化的情况下，1 号主变压器可以继续运行。待变电站原 1 号主变压器 B 相修复后，安排停电进行更换，初步确定 2014 年 6 月 30 日前完成。该变电站 1 号主变压器 B 相修复后作为备用变压器。

（4）若监测数据发现明显变化，需考虑尽快将该变电站 1 号主变压器更换为备用主变压器。

# 2 500kV 某变电站 4 号主变压器 500kV 侧 C 相套管闪络分析

## 1 设备参数

（1）设备名称：4 号主变压器 500kV 侧 C 相套管。

（2）设备类别：主变压器套管。

（3）设备型号：HEO-10137。

（4）出厂日期：2004 年 1 月。

（5）投运日期：2005 年 3 月。

## 2 设备故障情况

2008 年 5 月 29 日 9 时 34 分，500kV 某变电站 4 号主变压器 C 相 500kV 侧套管在暴雨天气下发生闪络，事故造成 4 号主变压器差动保护动作跳闸。变压器高压侧避雷器计数器未动作，由此排除雷电造成事故的可能性。检修和试验人员对 4 号主变压器 C 相的故障查勘和试验检查，确定本体无故障。通过以上两点，可以判断本次事故只存在外部短路，即变压器 500kV 侧套管外部发生闪络。

事故造成套管多处烧伤，将军帽及套管电流互感器升高座有明显的烧伤痕迹，同时发现套管部分瓷裙外沿有明显的电弧烧痕，具体烧伤情况如下：

（1）变压器 500kV 侧套管头对套管底座放电，套管头金属（铝合金）存在多处放电烧伤熔化痕迹，其中较为严重、明显的有两处（一处孔深 5mm，孔径 45mm；另一处孔深 1mm，孔径 25mm）。套管底座法兰金属（铝合金）有一处放电烧伤熔化痕迹（宽 50mm，高 20mm，深 2~3mm），如图 2-1 所示。

（2）变压器 500kV 侧套管上部共有 16 裙存在放电痕迹，釉面颜色变黄，由上向下数第 16 裙最宽 200mm 左右，并且套管釉面变黄部位有部分釉面脱落；套管下部有 5 裙存在放电痕迹，釉面颜色变黄，最下裙最宽 200mm 左右，并且套管釉面变黄部位有部分釉面脱落，如图 2-2 所示。

（3）变压器 500kV 侧套管底部法兰固定螺栓垫片与法兰接触位置有过电流烧伤痕迹，如图 2-3 所示。

图 2-1　套管底座法兰金属放电烧伤痕迹

图 2-2　将军帽烧伤及套管釉面变黄且有脱落

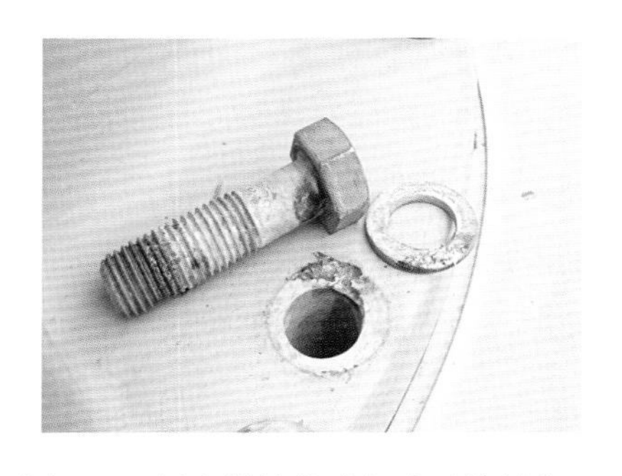

图 2-3　固定螺栓垫片与法兰接触位置有过电流烧伤痕迹

4 号主变压器外观检查情况如下：

（1）C 相 500kV 侧套管未发现有裂纹及渗漏油。

（2）A、B 相三侧套管检查正常。

（3）主变压器本体瓦斯及防爆阀检查正常。

（4）主变压器外观检查正常。

## 3　故障处理

经过对 4 号主变压器的故障查勘和试验检查，工作人员确定本次事故并没有对主变压器本体造成损害，4 号主变压器可以继续投入运行。为了让 4 号主变压器尽快投运，减少停电带来的经济损失，检修人员迅速对变压器 500kV 侧套管的烧伤处作出处理，清除烧伤处的氧化层，并先后涂上防锈漆及银漆，如图 2-4 所示。

图 2-4　套管烧伤处理情况

为防止再发生同类事故，相关人员会同厂方针对这类事故进行研究分析及调研学习后，认为对变压器 500kV 侧套管加装辅助伞裙是防止雨污闪发生的有效措施。

按照厂家提供的套管结构图，工作人员确定套管上加装 8 片辅助伞裙，共 7 种规格，辅助伞裙采用的材质是硅橡胶，并使用硅酮胶作为黏结胶。8 片辅助伞裙分别加装在从套管顶端下数第 3、10、17、24、31、38、45、52 个大伞伞裙的上表面，效果如图 2-5 所示。

将黏结胶分别涂在硅橡胶伞裙和瓷伞裙需要黏结的部位及填充伞裙的两个开口接缝、伞裙与套管根部之间的空隙，如图 2-6 所示。

黏结完成 1h 后，对每片硅橡胶伞裙的黏结部位进行 40kV/min 的工频耐压试验。试验时，在黏结辅助伞裙的上下表面各用细铁丝或铜线紧绕一圈，上端加压，下端接地。

经工频耐压试验合格后，主变压器随即投入运行。运行人员建立伞裙档案，做好安装记录、

图 2-5　加装伞裙的套管

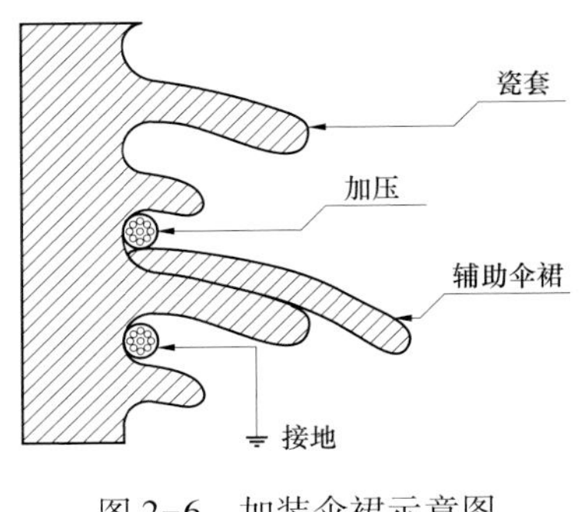

图 2-6 加装伞裙示意图

检测记录、维修记录等。运行后，加强每周巡视，注意观察伞裙的情况，做好巡视记录。如果发现伞裙有开裂、搭接口开胶、伞裙脱落、黏结位置爬电等现象时，需上报并及时做好修复。施工后每三年结合预防性试验定期检查，检查黏结部位有无剥离、脱落、开裂、爬电等现象。

## 4 故障分析

下面从 4 号主变压器 C 相 500kV 侧套管的积污、结构和安装等方面分析雨闪的形成。

（1）该地区 6~9 月大雨、暴雨频发，基本处于雨季，是套管绝缘子积污最轻的季节。而本次事故发生在 5 月 29 日，处于雨季初期，因此套管绝缘子表面相对较为脏污。暴雨刚开始时，雨水冲刷变压器 500kV 侧套管，套管均压罩间隙中和绝缘子表面上的污垢陆续被雨水带出，此时雨水中含有较多的悬浮微粒。雨水沿着伞裙外边缘淌下，形成污水帘或污水柱。虽然水帘或水柱不一定使相临两个伞裙“桥接”，但是在上伞裙下边缘到下伞裙上边缘之间形成多串并联的“污水帘+空气间隙”。当雨势变强时，套管表面受雨量增大，伞裙下边缘污水帘越长，空气间隙则越短。当空气间隙不能承受过高的电压时，间隙击穿。众多伞裙间空气间隙逐个击穿，发展成贯穿性导通，最终导致整个套管闪络。

相关部门曾对 500kV 侧套管进行雨、污闪特性试验研究，结果表明：雨水电导率不是发生闪络事故的唯一原因，绝缘表面污层对雨闪起到重要作用。

（2）4 号主变压器 C 相变压器 500kV 侧套管呈上细下粗塔状，伞裙较密，伞间距小，爬电比距为 15 610mm。由于此套管伞裙间距对污水帘的断帘能力相对较弱，致使套管爬电比距减少，所以在暴雨时更容易造成伞裙间的“桥接”。虽然结构参数和技术条件满足相关导则的要求，但是该类套管在运行中接连发生雨闪（2007 年 5 月 18 日，该 500kV 变电站 2 号主变压器 B 相 500kV 侧套管曾在暴雨下发生闪络），证明该类套管已不能满足变电站现使用环境条件的需求。

（3）主变压器 500kV 侧套管轴线与垂直方向的夹角为 5°。倾斜安装的套管表面受雨面和受雨量均大于垂直安装的套管，并且使雨水集中于套管的向外倾斜侧，加大了伞裙间放电的可能性。而这次事故中，套管烧伤痕迹均处于向外倾斜侧，说明闪络放电发生在套管向外倾斜侧。

## 5 同类型设备情况

2007 年 5 月 18 日 16 时 27 分，500kVA 变电站 2 号主变压器 B 相 500kV 侧套管在暴雨下发生闪络，同样造成主变压器差动保护动作跳闸。由于该变压器套管运行中接连发生两起雨闪，证明该套管已不能满足变电站现使用环境条件的需求。经多个部门联合研究分析，确定对运行中的该类型套管加装防雨闪辅助伞裙。于 2008 年起，各个 500kV 变电站结合停电计划陆续对该类型套管开展加装防雨闪辅助伞裙的工作。

## 6 防范措施

### 6.1 加装防雨闪辅助伞裙

超高压变电设备的雨闪事故主要是由于雨水在套管表面形成连续或是接近连续的水柱、水帘，将伞裙表面的爬电距离缩短甚至短路造成的，因此阻断水柱是杜绝此类事故的最有效手段。

### 6.2 喷涂 PRTV

设备外绝缘喷涂 PRTV 虽然无法阻断雨水，但可以提高套管表面的耐污闪强度，减小套管表面的泄漏电流。

### 6.3 安装角度

目前，500kV 变电站变压器 500kV 侧套管的安装角度只有垂直和倾斜

5°两种，而发生雨闪事故的主要是倾斜5°安装的套管。针对新的以及正在生产的变压器，其500kV侧套管安装的角度应调整至满足当地天气条件或改为垂直。

### 6.4 选型

（1）两裙伸出之差 $P_2-P_1$ 不小于20mm；

（2）相邻裙间高 $S$ 与裙伸出长度（$P_2$）之比应大于0.9；

（3）相邻裙间高 $S$ 不小于70mm。

选型时，套管结构参数必须满足以上条件，同时应逐步淘汰容易满足雨闪事故条件或曾经发生雨闪的套管类型，比如老式的上细下粗、伞间距较密的套管，不能盲目追求爬电比距。表2-1中，以另两款应用比较广泛且未发生过雨闪的500kV侧套管与本次故障的500kV侧套管的结构参数作对比，从数据上看，该厂家的套管的确略为逊色。

表2-1 变压器500kV侧套管结构参数对比

| 参数 | 该厂家 | 厂家一 | 厂家二 |
|---|---|---|---|
| 爬电比距（mm） | 15 610 | 14 500 | 15 243 |
| 两裙伸出之差 $P_2-P_1$（mm） | 15、20、29 | 29 | 20 |
| 相邻裙间高 $S$ 与裙伸出长度 $P_2$ 之比 | 1、1.08 | 1.08 | 1.12 |
| 相邻裙间高 $S$（mm） | 65、70 | 70 | 80 |

### 6.5 技术规范

根据气候环境，修正技术规范使其能满足当地的使用条件，对套管的伞裙结构、安装角度等提出明确要求。同时，修正后的标准不能低于相关技术规范的要求。

### 6.6 运行

每周巡视一次，注意观察伞裙的情况，如果发现伞裙有开裂、搭接口开胶、伞裙脱落、黏结位置爬电等现象时，应及时通知上级。

### 6.7 试验

加装防雨闪辅助伞裙后每三年进行一次耐压试验测试。

# 3 500kV 某变电站主变压器套管介损明显增长情况分析

## 1 设备参数

（1）设备名称：2 号、3 号主变压器中性点套管及低压侧套管。

（2）设备型号：R-C680W-KB。

（3）出厂日期：2009 年。

## 2 设备故障情况

2013 年 4 月 24 日和 5 月 2 日，试验人员在对 500kV 某变电站 2 号、3 号主变压器进行预防性试验时发现两台主变压器中性点和低压侧套管介损均明显增大，经过多次更换仪器、用酒精清洁套管表面、干燥等措施，排除人为、环境等外在因素影响，确认套管介损试验值偏大，具体试验数据见表 3-1～表 3-8、图 3-1 和图 3-2。其中 2 号主变压器 9 支套管共有 8 支比 2010 年交接试验值增长超过 30%（有 5 支套管介损超过 0.4%），最大的为 0.504%，介损值最大增量为 72.5%；3 号主变压器 9 支套管介损值均超过 0.4%，比 2010 年交接试验值增长超过 30%，最大的为 0.613%，介损值最大增量为 130.5%。虽未超出厂家注意值（0.7%）和规程要求值（1%）的范围，但存在明显的增大趋势。为进一步分析和积累经验，试验研究所还利用红外成像仪、高压介损电桥综合分析了套管 tanδ 与温度、电压的关系。

表 3-1　　2 号主变压器中性点、低压侧套管试验数据

| 日期 | 2010 年 3 月 11 日交接 | | | | | 2013 年 4 月 24 日预试 | | | | | |
|---|---|---|---|---|---|---|---|---|---|---|---|
| 位置 | 铭牌电容（pF） | 套管电容 $C_x$（pF） | 电容差（%） | tanδ（%） | 末屏绝缘电阻（MΩ） | 铭牌电容（pF） | 套管电容 $C_x$（pF） | 电容差（%） | tanδ（%） | 末屏绝缘电阻（MΩ） | Δtanδ % |
| AO | 390 | 389.3 | −0.179 | 0.294 | 10 000 | 390 | 388.6 | −0.36 | 0.504 | 40 000 | 71.4 |

续表

| 日期 | 2010年3月11日交接 | | | | | 2013年4月24日预试 | | | | | |
|---|---|---|---|---|---|---|---|---|---|---|---|
| 位置 | 铭牌电容（pF） | 套管电容 $C_x$（pF） | 电容差（%） | tanδ（%） | 末屏绝缘电阻（MΩ） | 铭牌电容（pF） | 套管电容 $C_x$（pF） | 电容差（%） | tanδ（%） | 末屏绝缘电阻（MΩ） | Δtanδ % |
| BO | 390 | 389.6 | −0.103 | 0.283 | 10 000 | 390 | 388.3 | −0.44 | 0.459 | 50 000 | 62.2 |
| CO | 391 | 391.2 | 0.051 | 0.280 | 10 000 | 391 | 389.8 | −0.31 | 0.483 | 40 000 | 72.5 |
| a | 948 | 946.6 | −0.148 | 0.259 | 10 000 | 948 | 945.1 | −0.31 | 0.345 | 50 000 | 33.2 |
| x | 955 | 953.2 | −0.188 | 0.290 | 10 000 | 955 | 952.4 | −0.27 | 0.399 | 50 000 | 37.6 |
| b | 949 | 947.4 | −0.169 | 0.284 | 10 000 | 949 | 946.0 | −0.32 | 0.465 | 50 000 | 63.7 |
| y | 948 | 946.6 | −0.147 | 0.281 | 10 000 | 948 | 945.3 | −0.28 | 0.363 | 50 000 | 29.2 |
| c | 946 | 945.0 | −0.106 | 0.278 | 10 000 | 946 | 944.3 | −0.18 | 0.408 | 50 000 | 46.8 |
| z | 948 | 946.7 | −0.137 | 0.278 | 10 000 | 948 | 945.8 | −0.23 | 0.387 | 50 000 | 39.2 |
| 备注 | 介损电桥 AI-6000　电动绝缘电阻表 DM-07-7<br>温度：18℃　湿度：50%　油温：16℃<br>介损厂家注意值 0.7%，Q/CSG 114002—2011《电力设备预防性试验规程》要求 1% | | | | | 介损电桥 AI-6000（L）　电动绝缘电阻表 3121<br>温度：30℃　湿度：75%　油温：31℃<br>介损厂家注意值 0.7%，Q/CSG 114002—2011《电力设备预防性试验规程》要求 1% | | | | | |

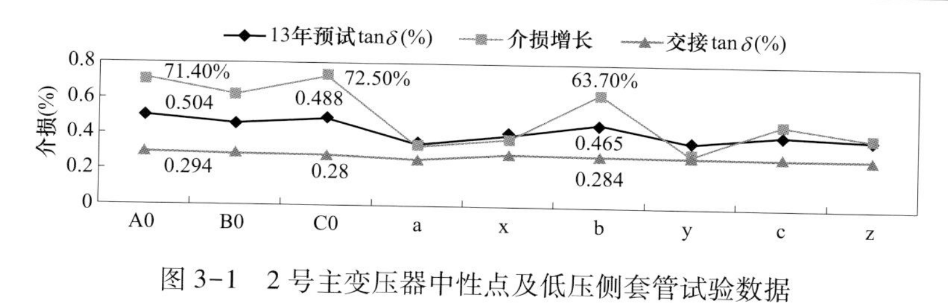


图 3-1　2 号主变压器中性点及低压侧套管试验数据

**表 3-2　　3 号主变压器中性点、低压侧套管试验数据**

| 日期 | 2010年4月17日交接 | | | | | 2013年5月2日预试 | | | | | |
|---|---|---|---|---|---|---|---|---|---|---|---|
| 位置 | 铭牌电容（pF） | 套管电容 $C_x$（pF） | 电容差（%） | tanδ（%） | 末屏绝缘电阻（MΩ） | 铭牌电容（pF） | 套管电容 $C_x$（pF） | 电容差（%） | tanδ（%） | 末屏绝缘电阻（MΩ） | Δtanδ % |
| AO | 390 | 390.8 | 0.205 | 0.279 | 10 000 | 390 | 391.1 | 0.28 | 0.455 | 40 000 | 63.1 |
| BO | 391 | 392.4 | 0.358 | 0.259 | 10 000 | 391 | 389.6 | −0.36 | 0.471 | 100 000 | 81.8 |

续表

| 日期 | 2010年4月17日交接 | | | | | 2013年5月2日预试 | | | | | |
|---|---|---|---|---|---|---|---|---|---|---|---|
| 位置 | 铭牌电容（pF） | 套管电容 $C_x$（pF） | 电容差（%） | $\tan\delta$（%） | 末屏绝缘电阻（MΩ） | 铭牌电容（pF） | 套管电容 $C_x$（pF） | 电容差（%） | $\tan\delta$（%） | 末屏绝缘电阻（MΩ） | $\Delta\tan\delta$ % |
| CO | 392 | 391.8 | −0.051 | 0.281 | 10 000 | 392 | 389.1 | −0.74 | 0.471 | 100 000 | 67.6 |
| a | 951 | 952.4 | 0.147 | 0.281 | 10 000 | 951 | 949.4 | −0.168 | 0.580 | 50 000 | 106.4 |
| x | 949 | 951.3 | 0.242 | 0.269 | 10 000 | 949 | 947.3 | −0.179 | 0.613 | 50 000 | 127.9 |
| b | 951 | 953.8 | 0.294 | 0.280 | 10 000 | 951 | 949.8 | −0.126 | 0.569 | 100 000 | 103.2 |
| y | 949 | 950.8 | 0.190 | 0.264 | 10 000 | 949 | 947.1 | −0.20 | 0.603 | 100 000 | 128.4 |
| c | 952 | 954.7 | 0.284 | 0.266 | 10 000 | 952 | 950.5 | −0.158 | 0.613 | 100 000 | 130.5 |
| z | 950 | 952.6 | 0.274 | 0.275 | 10 000 | 950 | 947.9 | −0.22 | 0.599 | 100 000 | 117.8 |
| 备注 | 介损电桥 AI-6000　电动绝缘电阻表 DM-07-7<br>温度：31℃　湿度：65%　油温：22℃<br>介损厂家注意值 0.7%，Q/CSG 114002—2011《电力设备预防性试验规程》要求 1% | | | | | 介损电桥 AI-6000（L）　电动绝缘电阻表 3121<br>温度：24℃　湿度：52%　油温：30℃<br>介损厂家注意值 0.7%，Q/CSG 114002—2011《电力设备预防性试验规程》要求 1% | | | | | |

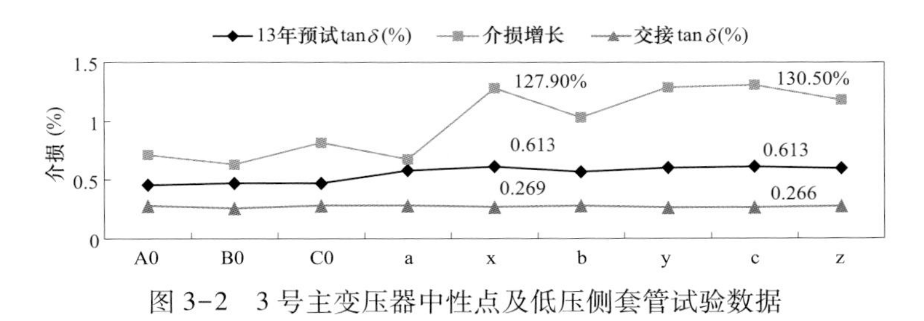


图 3-2　3 号主变压器中性点及低压侧套管试验数据

**表 3-3　　2 号主变压器低压侧 b、y 套管用清洁前后介损试验数据**

| 处理措施 | 低压侧 b 套管 | | 低压侧 y 套管 | |
|---|---|---|---|---|
| | $\tan\delta$（%） | $C_p$（pF） | $\tan\delta$（%） | $C_p$（pF） |
| 未处理 | 0.465 | 946.0 | 0.363 | 945.3 |
| 酒精清洁表面 | 0.485 | 946.3 | 0.428 | 946.1 |
| 处理前后 $\tan\delta$% 偏差 | 4.3% | / | 17.9% | / |
| 备注 | 介损电桥 AI-6000（L）<br>温度：30℃　湿度：75%　油温：31℃<br>介损厂家注意值 0.7%，Q/CSG 114002—2011《电力设备预防性试验规程》要求 1% | | | |

表 3-4　　3 号主变压器低压侧 a 套管在不同温度下的介损试验数据

| 套管本体温度（℃） | 低压侧 a 套管 | |
|---|---|---|
| | tanδ（%） | $C_p$（pF） |
| 30 | 0.580 | 949.4 |
| 28 | 0.592 | 948.8 |
| 26 | 0.588 | 948.8 |
| 备注 | 介损电桥 AI-6000（L）　红外成像仪 T630<br>环境温度：24℃　湿度：75%<br>当 tanδ 随温度增加明显增大不应继续运行 | |

表 3-5　　低压侧 a 套管 30℃红外图

| 目标参数 | 数值 |
|---|---|
| 测试时间 | 2013-5-2　14：20 |
| 辐射系数 | 0.90 |
| 环境温度 | 24℃ |
| 湿度 | 75% |
| 套管本体温度 | 30.2℃ |

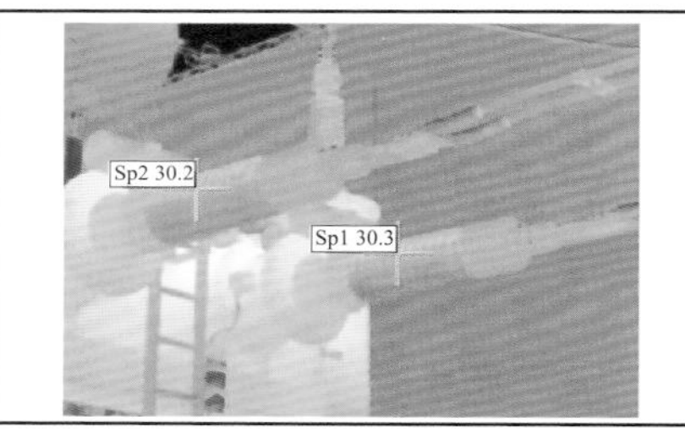


表 3-6　　低压侧 a 套管 28℃红外图

| 目标参数 | 数值 |
|---|---|
| 测试时间 | 2013-5-2　16：13 |
| 辐射系数 | 0.90 |
| 环境温度 | 24℃ |
| 湿度 | 75% |
| 套管本体温度 | 28℃ |

表 3-7　　低压侧 a 套管 26℃红外图

| 目标参数 | 数值 |
|---|---|
| 测试时间 | 2013-5-3　17：00 |
| 辐射系数 | 0.90 |
| 环境温度 | 24℃ |
| 湿度 | 75% |
| 套管本体温度 | 26℃ |

表 3-8　　3号主变压器低压侧 a、x 套管高压介损试验数据

| $U$（kV） | 低压侧 a 套管 | | 低压侧 x 套管 | |
|---|---|---|---|---|
| | tan$\delta$（%） | $C_p$（pF） | tan$\delta$（%） | $C_p$（pF） |
| 10 | 0. 518 | 946. 5 | 0. 550 | 943. 9 |
| 24. 6 | 0. 500 | 946. 7 | 0. 535 | 944. 4 |
| 40. 5 | 0. 462 | 946. 9 | 0. 489 | 944. 7 |
| tan$\delta$ 增量 | -0. 056% | / | -0. 061% | / |
| 备注 | 介损电桥 AI-6000M<br>2013 年 5 月 3 日　温度：23℃　湿度：70%　油温：24℃<br>当试验电压由 10kV 升到 $U_m$/3 时，tan$\delta$ 增量超过±0. 3%，不应继续运行 | | | |

## 3 故障处理

试验人员通过预防性试验发现该厂家生产的 500kV 变压器这两种型号的低压侧套管和中性点套管存在介损明显增长的问题。

2013 年 2 月 27 日~3 月 1 日，相关工作人员在厂家本部对缺陷套管进行了试验及解体。

返厂之后，厂家工作人员首先做了一系列的试验，包括油样分析、绝缘电阻测试、局部放电试验、工频耐压试验，结果都无异常，试验项目及结果统计见表 3-9。工作人员还将套管的油全部更换之后再次做了介损试验，介损基本没有变化，排除了绝缘油问题引起的介损异常。

表 3-9　　试验项目及结果统计

| 试　验　项　目 | 试　验　结　果 |
|---|---|
| 外观检查 | 外观无破损、放电现象 |
| 油样分析 | 一般特性及油中溶解气体的浓度无异常 |
| 绝缘电阻测试 | 绝缘性能满足要求 |
| 局部放电试验 | 局部放电量测量值为 1pC |
| 工频耐压试验 | 试验通过 |
| 末屏耐压试验及介损测量 | 无异常 |
| 中性点套管换油后介损测量 | 较换油前介损值略有增加 |

图 3-3~图 3-6 是对缺陷套管进行解体的现场图片。

图 3-3　金属导杆和法兰解体情况

图 3-4　金具、法兰、装配弹簧、外金属护套解体情况

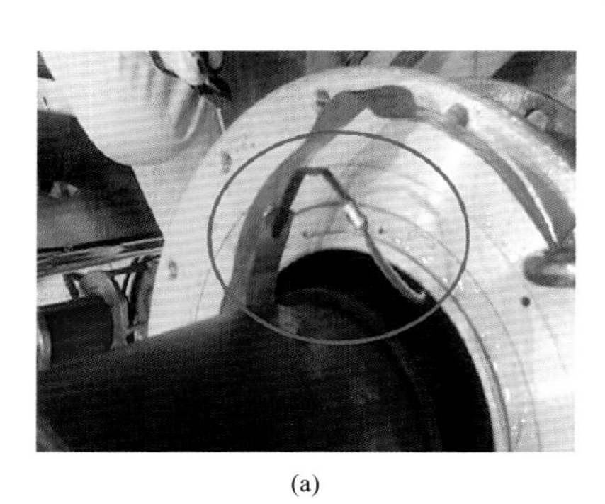

(a)

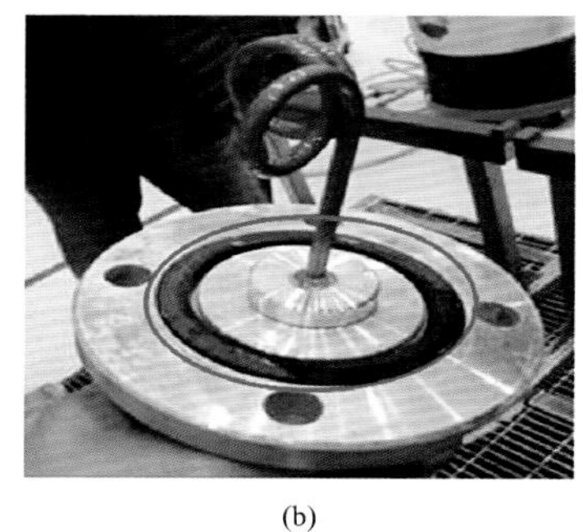

(b)

图 3-5　末屏引出线和储油柜密封胶圈解体情况

图 3-6　电容芯绝缘纸及铝箔、金属导杆解体情况

2013 年 5 月 14 日，为了进一步了解套管介损值增大的原因，相关工作小组在 500kV 主变压器中性点套管及低压侧套管返厂修复后出厂验收时，开展了一系列试验。

由于厂家已完成 18 支套管大修后的油试验和电气试验，工作人员从中随机挑选两支中性点套管和两支低压侧套管做试验，试验结果见表 3-10、表 3-11。两次试验对比无明显差异，试验结果合格。这些套管更换的新绝缘纸仍和原出厂的相同，工艺方面除了电容芯子干燥的时间从 7 天延长到 12 天和 66kV 产品标准油浸时间为 5h，本次大修后油浸时间延长到 16h 之外，其他工艺都和之前相同。

**表 3-10　　　　变压器中性点套管试验数据**

| 制造编号 | | 介质损耗因数（%） | | | 电容量（pF） | | | 试验抽头 | |
|---|---|---|---|---|---|---|---|---|---|
| | | 额定电压 $U_N$ | $1.05U_m/\sqrt{3}$ | $U_m$ | 额定电压 $U_N$ | $1.05U_m/\sqrt{3}$ | $U_m$ | 介质损耗因数（%） | 电容量（pF） |
| | | 10kV | 24.6kV | 40.5kV | 10kV | 24.6kV | 40.5kV | 1kV | 1kV |
| 09J5036 | 耐压前 | 0.221 | 0.225 | 0.226 | 661 | 662 | 662 | 0.52 | 625 |
| | 耐压后 | 0.218 | 0.225 | 0.226 | 662 | 661 | 662 | | |
| 10A5073 | 耐压前 | 0.217 | 0.222 | 0.224 | 657 | 657 | 657 | 0.43 | 625 |
| | 耐压后 | 0.218 | 0.223 | 0.224 | 657 | 657 | 657 | | |

**表 3-11　　　　变压器低压侧套管试验数据**

| 制造编号 | | 介质损耗因数（%） | | | 电容量（pF） | | | 试验抽头 | |
|---|---|---|---|---|---|---|---|---|---|
| | | 额定电压 $U_N$ | $1.05U_m/\sqrt{3}$ | $U_m$ | 额定电压 $U_N$ | $1.05U_m/\sqrt{3}$ | $U_m$ | 介质损耗因数（%） | 电容量（pF） |
| | | 10kV | 24.6kV | 40.5kV | 10kV | 24.6kV | 40.5kV | 1kV | 1kV |
| 09J5046 | 耐压前 | 0.236 | 0.239 | 0.240 | 369 | 369 | 369 | 0.85 | 597 |
| | 耐压后 | 0.236 | 0.241 | 0.242 | 369 | 369 | 369 | | |

续表

<table>
<tr><td rowspan="3" colspan="2">制造编号</td><td colspan="3">介质损耗因数（%）</td><td colspan="3">电容量（pF）</td><td colspan="2">试验抽头</td></tr>
<tr><td>额定电压 $U_N$</td><td>$1.05U_m/\sqrt{3}$</td><td>$U_m$</td><td>额定电压 $U_N$</td><td>$1.05U_m/\sqrt{3}$</td><td>$U_m$</td><td>介质损耗因数（%）</td><td>电容量（pF）</td></tr>
<tr><td>10kV</td><td>24.6kV</td><td>40.5kV</td><td>10kV</td><td>24.6kV</td><td>40.5kV</td><td>1kV</td><td>1kV</td></tr>
<tr><td rowspan="2">09A5028</td><td>耐压前</td><td>0.223</td><td>0.229</td><td>0.230</td><td>369</td><td>369</td><td>369</td><td rowspan="2">0.46</td><td rowspan="2">601</td></tr>
<tr><td>耐压后</td><td>0.226</td><td>0.231</td><td>0.231</td><td>369</td><td>369</td><td>369</td></tr>
</table>

通过对绝缘纸（干燥纸）、绝缘油、电容芯制造时的干燥工序调查发现，绝缘纸（干燥纸）、绝缘油本身没有明显异常的状况。对于撤回产品的油浸纸，厂家正在以是否存在会对介损值产生影响的生成物质为中心，开展定性、定量分析。关于制造记录方面，以干燥工序为中心开展调查，结果发现在干燥、含浸的时间、条件方面均没有发生过变更。厂方正在对绝缘纸变更后干燥工序中的真空度推移及残留水分方面开展更加详细的调查。目前，因为以上调查情况仍然不够充分，厂家想以撤回产品绝缘纸成分分析和绝缘纸变更后的干燥情况等为中心开展详细调查，尽早判定其原因。

## 4 故障分析

500kV 某变电站 2 号、3 号主变压器高压侧、中压侧套管介损合格，均为 0.25 左右，中性点和低压侧套管介损明显增长，最大的为 0.613%，未超出厂家 0.7%注意值和规程要求的 1%。试验人员用酒精清洁套管并用电吹风风干后对其复测，介损试验数据无改善；在 3 个不同温度下的介损复测显示温度的变化对套管介损影响并不明显。根据相关情况，某变电站 2、3 号主变压器套管介损增长的情况与 2012 年 6 月～2013 年初，南网范围内发现 NGK 公司生产的 R-C6551W-JB 型低压侧套管及 R-C680R-KB 型中性点套管出现介损值超标（大于厂家注意值 0.7%）及存在明显增长趋势的问题一致，均为厂家 2007 年后出厂的低压及中性点套管，属于套管电容芯在出厂时干燥不彻底家族性缺陷。

## 5 同类型设备情况

在2012年6月，A变电站2号主变压器预防性试验发现，B相中性点及低压侧套管介损明显增长；接着B变电站3号主变压器、C变电站4号主变压器相继发现类似问题；对此上级要求同型号变压器套管都要尽快进行停电预防性试验，在春节期间又发现D变电站3号主变压器、E变电站3号主变压器也存在套管介损异常的缺陷。

在这个问题发生后，工作人员对同型号缺陷套管进行了统计，其中低压套管型号为R-C6551W-JB共66支、中性点套管型号为R-C680R-KB共33支，占了总量的14%，比例还是比较大的。

## 6 防范措施

根据以上分析和现有三支套管备品的情况，暂不具备更换的条件，建议采取以下措施：

（1）每月进行一次红外测温成像分析工作，并缩短套管停电试验周期至1年进行复测。

（2）加强运行巡视，细化巡视要求。

（3）尽快落实套管备品，对该批次的某变电站2号、3号主变压器所有中性点、低压侧套管和三支套管备品全部更换，对全部套管进行出厂试验见证。

# 220kV 某变电站 2 号主变压器故障分析

## 1 设备参数

（1）设备名称：2 号主变压器。

（2）设备型号：SFSZ9-240000/240。

（3）出厂日期：2003 年 2 月。

（4）投运日期：2003 年 12 月。

## 2 设备故障情况

2008 年 7 月 20 日 21 时 51 分 38 秒，220kV 某变电站 2 号主变压器保护动作，主变压器三侧断路器跳闸，故障情况如下：

### 2.1 故障前的系统运行方式

该变电站 1~4 号主变压器 220kV 侧、110kV 侧并列运行，2 号主变压器高压侧中性点、低压侧中性点接地运行。全站负荷为 384MW，2 号主变压器负荷为 95.74MW。

### 2.2 故障过程

当日 21 时 51 分 36 秒，110kV 信杨乙线、信杨丙线 A 相故障，两条线路保护的距离 Ⅰ 段、零序过流 Ⅰ 段同时动作，断路器三相跳闸，测距 2.3km，2s 后重合闸成功。

110kV 信杨乙线、信杨丙线跳闸 8ms 后，2 号主变压器差动保护（主 Ⅰ 保护：比率差动保护；主 Ⅱ 保护：比率差动保护、工频变化量差动保护、差动速断保护）和本体非电量保护（轻瓦斯保护、重瓦斯保护、压力释放保护）动作，跳开 2202、102、502 甲、502 乙断路器，备自投正确动作。23 时 23 分，2 号主变压器本体由热备用转检修。

故障发生时，天气情况为雷暴天气。

### 2.3 故障前变压器的试验情况

最近一次电气预防性试验时间为 2008 年 1 月，最近一次主变压器本体绝缘油色谱试验时间为 2008 年 6 月，试验结果正常。

## 3 故障处理

### 3.1 保护动作检查情况

2 号主变压器三侧断路器跳闸保护动作情况见表 4-1。

表 4-1 2 号主变压器三侧断路器跳闸保护动作情况

| 设备名称 | 保护名称 | 保护型号 | 动作元件 | 功能分类 | 动作时间（ms） | 动作情况 |
|---|---|---|---|---|---|---|
| 110kV 信杨乙线 | 线路保护 | RCS-941A | 零序 | 零序 I 段 | 9 | 跳本断路器 |
| | 线路保护 | RCS-941A | 距离 | 距离 I 段 | 11 | 跳本断路器 |
| | 线路保护 | RCS-941A | 重合闸 | 重合成功 | 2145 | 合本断路器 |
| 110kV 信杨丙线 | 线路保护 | RCS-941A | 零序 | 零序 I 段 | 10 | 跳本断路器 |
| | 线路保护 | RCS-941A | 距离 | 距离 I 段 | 12 | 跳本断路器 |
| | 线路保护 | RCS-941A | 重合闸 | 重合成功 | 2188 | 合本断路器 |
| 2 号主变压器 | 主 I 保护 | RCS-978E | 差动 | 比率差动 | 30 | 跳三侧 A、B、C 相 |
| | 主 II 保护 | RCS-978E | 差动 | 工频变化量差动 | 30 | 跳三侧 A、B、C 相 |
| | 主 II 保护 | RCS-978E | 差动 | 比率差动 | 30 | 跳三侧 A、B、C 相 |
| | 主 II 保护 | RCS-978E | 差动 | 差动速断 | 71 | 跳三侧 A、B、C 相 |
| | 非电量保护 | RCS-974A | 非电量 | 本体重瓦斯 | 55 | 跳三侧 A、B、C 相 |
| | 非电量保护 | RCS-974A | 非电量 | 本体轻瓦斯 | 65 | 发信 |
| | 非电量保护 | RCS-974A | 非电量 | 压力释放 | 70 | 发信 |

经检查，2 号主变压器主 I 保护、主 II 保护、非电量保护动作报文与后台信息一致，保护录波与主变压器故障录波的相应波形一致，一次折算电流一致，录波完好，保护动作正确。

### 3.2 高压设备外观检查情况

（1）主变压器两个压力释放阀动作，压力释放阀顶盖板被冲开，有本体绝缘油流出；主变压器本体气体继电器动作，气体继电器处有气体积聚；

主变压器靠电抗器侧人孔和变压器低压侧 A 相套管处有渗油痕迹。

（2）全站避雷器均无动作。

（3）其他设备无异常。

### 3.3 油色谱试验情况

2008 年 7 月 20 日晚上故障跳闸后，在变压器下部取油样及在气体继电器处取气样，7 月 21 日上午分别在变压器上部和下部取油样。油样透明度较好，油简化试验结果合格，三次油色谱试验结果最高值中氢气（1177μL/L）、总烃（1262μL/L）含量超出注意值，乙炔（649μL/L）、一氧化碳和二氧化碳含量对比上次试验结果并无增长，变压器上部油样气体组分含量较下部油样气体组分含量高。按三比值法判断，属放电性故障。气体继电器气样组分与油样中的气体组分类似。

因此，可判断故障涉及固体绝缘的可能性较小，故障发生在变压器上部的可能性较高，为裸金属放电性故障。

### 3.4 高压试验情况

2008 年 7 月 21 日，对 2 号主变压器和三侧避雷器进行了高压试验。主变压器的试验项目有绝缘电阻、主变压器介损、套管介损、直流电阻、绕组变形，各个项目的试验结果合格，与上次预试结果相比无明显变化。避雷器在线检测仪正常，变压器三侧避雷器 1mA 直流电压及 $0.75U_{1mA}$ 下的泄漏电流正常。因此，变压器主绝缘、绕组等基本正常，绕组无短路和变形。

### 3.5 变压器器身内部检查情况

从 A 相电抗器往 C 相电抗器方向检查发现，从 B 相电抗器开始引线木夹件有开裂断开现象，C 相电抗器拐弯处到低压套管出线之间的引线（靠近变压器低压侧 C 相手孔位置）有多处明显短路放电烧焦痕迹，一只夹件螺栓屏蔽罩上有放电痕迹，其拐弯处的木夹件全部断裂且电抗器引线有部分已严重变形，有一相电抗器避雷器的引线被烧断。电抗器位置分布有微小的铜珠，油箱底部有跌落的木夹件块、皱纹纸、螺栓等杂物，变压器器身上分布有散落的皱纹纸。其他部位外观检查未发现明显异常现象。

## 4 故障分析

### 4.1 过程分析

根据现场对主变压器本体外观检查及试验结果，结合故障录波图判定故障可分为三个阶段：

（1）故障初瞬（0～8ms）。110kV 信杨乙、信杨丙线路故障，2 号主变压器流过穿越性故障电流，主变压器保护差动电流为 0；故障电流高压侧最大有效值为 2536A（A 相），中压侧最大有效值为 7483A（A 相）。

（2）变压器内部故障开始阶段（8～20ms），即 110kV 线路故障约 8ms 后，2 号主变压器内部开始发生短路故障，此时从变压器中压侧三相故障电流大致相等和主变压器低压侧电压基本消失的现象可以判断，变压器低压侧发生相间短路故障的可能性较大。此时，主变压器保护出现差动电流，差动电流未达到差动保护动作值，差动保护未出口。

（3）变压器低压侧故障发展阶段。在 20～55ms，故障电流继续增大，差动电流达到差动保护动作值，比率差动保护动作出口，开出跳主变压器三侧断路器（三相断路器未跳开）；在 55～75ms，主变压器保护最大差动电流达 6.42$I_N$，导致 2 号主变压器差动速断保护动作，本体重瓦斯及压力释放阀动作跳开主变压器三侧断路器。由录波图测量此时的故障电流情况：高压侧最大有效值为 3383A（A 相），中压侧最大有效值为 8456A（A 相），低压侧最大有效值为 48 910A。

### 4.2 分析结论

综合考虑以上检查结果和故障过程分析，归纳如下：

（1）2 号主变压器主Ⅰ、主Ⅱ保护及非电量保护动作正确。

（2）高压试验未发现异常，本体油样透明度较好，无碳性悬浮物，油简化试验合格，油色谱分析为变压器上部裸金属放电性故障。

（3）根据变压器的结构，高压侧、中压侧绕组发生三相短路故障的可能性不大，低压侧的薄弱点为电抗器的引线。

（4）变压器低压侧短路电流达到变压器耐受电流设计值，但持续时间

（75ms）远小于厂家设计持续时间（0.5s），低压侧绕组从理论上可承受该次短路冲击。

（5）变压器器身检查发现，故障部位为电抗器引线，其他部位无明显异常，与保护和故障录波分析结果相一致。

根据以上分析，可以得出结论：在110kV线路故障的情况下，当有穿越性故障电流通过该变电站2号变压器时，由于变压器内部低压绕组与电抗器间的引线固定失稳，导致该变压器低压侧发生相间短路，主变压器电量和非电量保护同时动作，三侧断路器跳闸。故障原因明确，故障点的查找结果与故障发生过程、保护录波情况、试验结果相吻合，主变压器器身、主绝缘和绕组没有受到冲击破坏，在厂家同意的前提下，应优先采用现场修复的方案恢复2号变压器运行。

### 4.3 原因总结

（1）主变压器低压侧电抗器的引线均为软铜引线，在长时间的运行过程中，由于重力和电动力的作用，扎带老化，低压引线由于电压低、流过电流大，相位相差120°，使引线相互吸引，造成软引线慢慢变形松动，引线间绝缘距离不够导致故障发生。

（2）选择导线不恰当，存在重视热性能而忽视机械应力的现象。

（3）引线固定支点不够、支架不牢固、引线焊接不良等。

（4）制造过程中工艺条件不规范，质量控制不严。

## 5 防范措施

（1）应在技术和管理上采取有效措施，改善变压器运行条件，最大限度防止或减少变压器的出口短路。为减少变压器低压侧出口短路概率，可根据需要在母线桥上装设绝缘热缩保护材料。

（2）制造厂家在产品设计时，除了对绕组的抗短路能力进行验算，还应对引线的抗短路能力进行验算，同时大型变压器在现场安装过程中，对于较长的引线还应采取足够的绝缘包扎和固定等措施。

（3）变压器引线结构比较复杂，特别是出线套管处，一般采用软连接实现引出。引线的对地、相间绝缘距离是一个薄弱环节，所以应对其制造、安装、验收环节给予足够的重视。

（4）对于电容电流过大的变电站，为防止产生弧光接地过电压，应采取加装消弧线圈等自动跟踪补偿系统等措施，减小由于系统接地而导致的短路故障。已运行抗短路能力差的大型变压器，应加装限流电抗器，以降低短路冲击电流对大型变压器的影响。

# 5 110kV 某变电站主变压器验收分析

## 1 设备参数

（1）设备名称：主变压器。

（2）设备型号：SZ11-63000/110。

## 2 设备故障情况

### 2.1 主变压器出厂前验收

2012 年 1 月 13 日，检修人员对 110kV 某变电站 1 号、2 号、3 号主变压器进行出厂见证验收。到达现场时，主变压器的吊罩安装工作已完成，检修人员只能对设备外观验收，无法对变压器器身进行内部检查。所以，建议增加验收人员出厂前二次吊罩见证环节。验收中发现如下问题：

（1）铁芯、夹件接地引线没有采用方便测量的结构；

（2）接地套管的瓷压帽开裂；

（3）有载开关连气管与片散干涉；

（4）油位计、气体继电器、温度计没有加装防雨罩；

（5）上、下节油箱没有采用四点接地位置；

（6）低压升高座没有加装放气塞；

（7）接地套管位置上方没有增加挡板；

（8）低压套管接线板不是双排结构；

（9）片散法兰面不够光滑与平整；

（10）110kV 套管不是将军帽式。

### 2.2 1 号主变压器吊罩验收

2012 年 10 月 31 日，对 110kV 该变电站 1 号主变压器吊罩验收时发现：

（1）施工现场混乱，作业环境差，如图 5-1 所示。主变压器吊罩工作与土建施工同步进行，土建施工产生大量灰尘，不符合相关验收规范规定的“器身检查时，场地四周应清洁和有防尘措施”。

图 5-1　作业现场环境差

（2）变压器器身存在绝缘材料包扎工艺松散等问题，如图 5-2 所示，且变压器底部存在杂物，如纸屑、木屑等（如图 5-3 所示），不符合相关验收规范规定的“引出线绝缘包扎牢固，无破损、拧弯现象；引出线绝缘距离应合格，固定牢靠，其固定支架应紧固；引出线的裸露部分应无毛刺或尖角，焊接应良好；引出线与套管的连接应牢靠，接线正确”。

图 5-2　变压器器身绝缘材料包扎工艺松散

（3）变压器厂家现场工作人员作业不规范，如图 5-4 所示，未能按照相关检修导则的规定进行。检查器身时，应由专人进行，穿着无纽扣、无金属挂件的专用检修工作服和鞋，并戴清洁手套，寒冷天气还应戴口罩，照明应采用安全电压的灯具或手电筒。

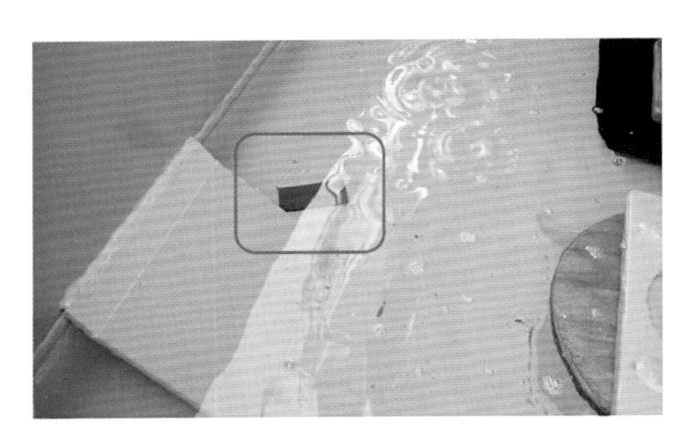

图 5-3　变压器底部杂物

图 5-4　厂家现场工作人员作业不规范

（4）由于 1 号主变压器器身底部发现很多杂物，工作人员要求厂家进行整改，在对主变压器进行滤油并静止 24h 后，再次进行吊罩检查。2012 年 11 月 5 日，对该变压器第二次吊罩验收时发现其底部仍存在杂物（如图 5-5 所示），且其钟罩屏蔽层绝缘纸板存在松散现象（如图 5-6 所示）。不符合相关验收规范规定：绝缘屏障应完好，且固定牢固，无松动现象。

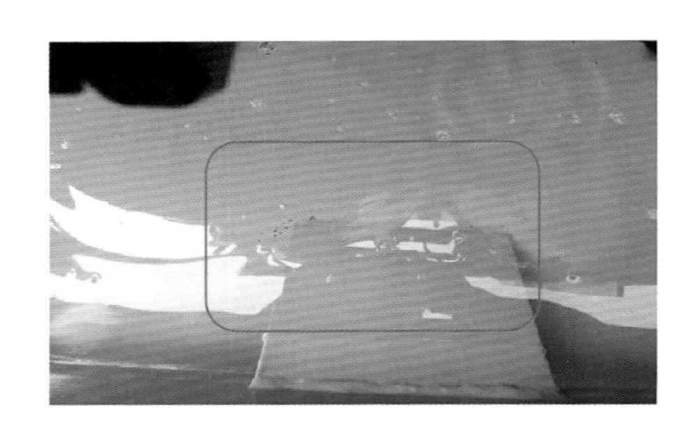

图 5-5　第二次吊罩验收时 1 号变压器底部杂物

图 5-6　钟罩屏蔽层绝缘纸板松散

## 2.3　3 号主变压器吊罩验收

（1）11 月 5 日，3 号主变压器到达现场交接时，安装单位人员对变压器进行油试验，经油色谱检测发现 3 号主变压器乙炔（$C_2H_2$）含量超标，测量值为 0.25μL/L。根据现行国家相关标准规定，新变压器油中不能含乙炔。对出厂和新投运的设备气体含量的要求见表 5-1。

表 5-1　　对出厂和新投运的设备气体含量的要求　　μL/L

| 气体 | 变压器和电抗器 | 互感器 | 套管 |
| --- | --- | --- | --- |
| 氢 | <10 | <50 | <150 |
| 乙炔 | 0 | 0 | 0 |
| 总烃 | <20 | <10 | <10 |

乙炔是故障点周围变压器油分解的特征气体，乙炔的含量是区分过热和放电两种故障的主要指标，经对器芯检查未发现明显的放电发热点，需厂家解释 3 号主变压器乙炔产生的原因。

（2）根据 DL/T 574—2010《有载分接开关运行维修导则》规定，油室头部法兰与中间法兰之间脱开至 15~20mm 间隙。

有载分接开关使用说明书规定，根据最终的高度不同，断路器和支撑法兰面要留有 5~20mm 间隙。1 号、3 号主变压器验收发现断路器和支撑法

图 5-7　1 号、3 号主变压器断路器和支撑法兰间留有间隙

兰间留有间隙分别为40、38mm，如图5-7所示，分别超过最大许可值的100%、90%。厂家现场人员未在有载分接开关预装支架上做任何措施就调整间隙尺寸。

（3）3号主变压器钟罩屏蔽层绝缘纸板同样存在松散现象，且钟罩屏蔽层固定扣绝缘漆有折纹并多处脱落，如图5-8所示。

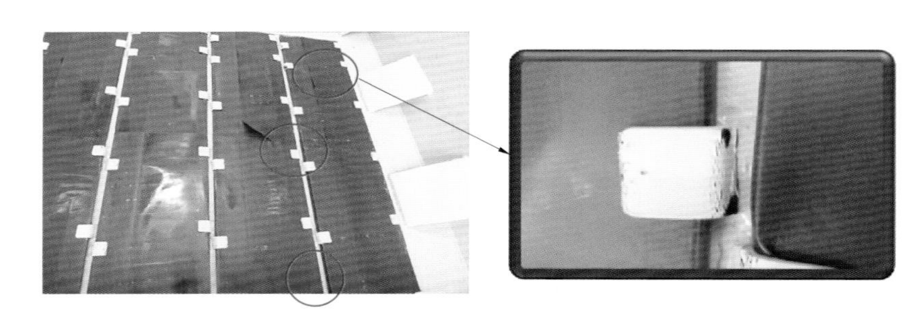

图5-8　3号主变压器钟罩屏蔽层

（4）3号主变压器底部同样存在杂物，如纸屑、木屑、铁屑等，如图5-9所示，且存在变压器器身引线绑扎皱纹纸松散等问题。

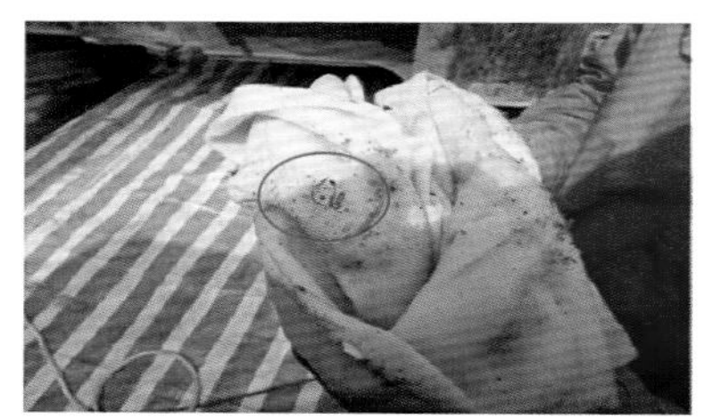

图5-9　3号主变压器底部杂物

（5）3号主变压器底部存在锈蚀现象，如图5-10所示，不符合相关技术协议规定的"变压器本体及附件至少六年内不得出现渗油及锈蚀现象"。

（6）上定位柱未恢复原有状态，如图5-11所示，变压器未就位，需要移动。因为在就位过程中，不能保证变压器内部不发生偏移，所以需要变压器厂家提供一份技术保证书。

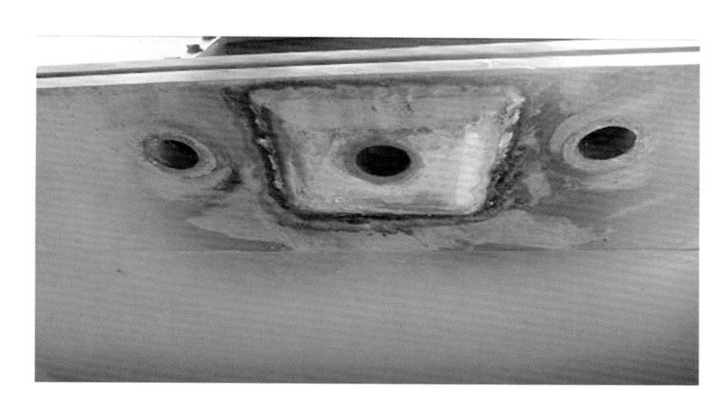

图 5-10　3 号主变压器底部存在锈蚀现象

图 5-11　上定位柱未恢复原有状态

（7）根据相关技术协议规定，变压器本体到达现场后油箱内的压力应保持正压，并有压力表进行监视。建议在带油运输过程中，保持正压、防潮。11 月 12 日，主变压器到达现场时，仍未落实以上措施。

## 3　故障处理

针对验收人员在 110kV 某变电站主变压器出厂前验收以及主变压器吊罩验收过程中发现的问题，经过与厂家进行沟通协调后，确定了相对应的处理方案，见表 5-2 和表 5-3。

表 5-2　　主变压器出厂前验收发现问题及处理方案

| 序号 | 发现问题 | 处理方案 |
| --- | --- | --- |
| 1 | 铁芯、夹件接地引线没有采用方便测量的结构 | 厂家将在引下铜排的最后一段采用电缆连接，以便测量 |
| 2 | 接地套管的瓷压帽开裂 | 厂家将把接地套管的压帽改为铜材质 |
| 3 | 有载开关连气管与片散干涉 | 此处连气管厂家进行校正解决 |
| 4 | 油位计、气体继电器、温度计没有加装防雨罩 | 厂家气体继电器有防雨罩，温度计装入仪表端子箱；此台变压器采用胶囊结构，且已制造完毕，如在此油位计处加装防雨罩则需要进行补焊接，可能影响胶囊寿命及工作质量，因此厂家认为不宜再加装防雨罩 |
| 5 | 上、下节油箱没有采用四点接地位置 | 厂家将在高、低压侧加强铁上连接铜排，保证四点连接 |
| 6 | 低压升高座没有加装放气塞 | 此低压升高座是标准设计，气体可以通过低压升高座连接气管放出 |
| 7 | 接地套管位置上方没有增加挡板 | 接地套管位置周围无法固定挡板，须在上节油箱进行焊接。但由于此台变压器已完工，不宜焊接增加挡板 |
| 8 | 低压套管接线板不是双排结构 | 此问题与套管厂商进行沟通后认为，空气中接线板如改为双排结构，接线板形状和孔的数量将与设计院原确认的图纸不一致，将涉及以后的配合问题，且修改接线端子后成本将有较大幅度增加，因此厂房认为应保留原设计 |
| 9 | 片散法兰面不够光滑与平整 | 厂家将对片散法兰面进行抛光打磨，并做防锈处理 |
| 10 | 110kV 套管不是将军帽式 | 厂家目前所采用的套管是行业使用最为广泛的压顶式套管，此种套管在密封性能上与将军帽式相当，且市场反映较好 |

表 5-3　　1 号、3 号主变压器吊罩验收发现问题及处理方案

| 序号 | 发现问题 | 处理方案 |
| --- | --- | --- |
| 1 | 施工现场混乱，作业环境差，厂家现场工作人员作业不规范 | 厂家进一步加强公司的人员培训，提高工作人员素质和操作水平，对于不按操作规程及吊罩工艺进行现场操作的工作人员进行考核（已更换现场操作人员） |
| 2 | 1 号、3 号主变压器底部存在杂物，如纸屑、木屑、铁屑、头发等，且存在变压器器身引线绑扎皱纹纸松弛等问题 | 通过吊罩前热油循环及主变压器吊罩时将杂物清理干净，重新包扎紧变压器器身引线绑扎松弛的皱纹纸，要求厂家对后续产品在设备出厂前进行彻底检查和清理 |

续表

| 序号 | 发现问题 | 处理方案 |
| --- | --- | --- |
| 3 | 1号、3号主变压器钟罩屏蔽层外层绝缘纸板均存在松散现象和多处损伤，钟罩屏蔽层固定扣绝缘漆有折纹并多处脱落 | 此问题不影响安全运行，考虑到现场整改难度大，此问题不做整改。要求厂家对后续产品加强生产工艺的管理，提高产品的工艺质量 |
| 4 | 3号主变压器到现场交接时油色谱检测乙炔含量超标，测量值为0.25μL/L | 组织专业人员对变压器进行滤油，并对主变压器进行试验，后取油样进行化验，结果显示油样中不含乙炔，排除因变压器存在缺陷引起乙炔含量超标的可能。厂家提供了专题分析报告，指出是厂家的注油管道受检修变压器油污染，未进行换油，只是采用在油箱内热油循环滤油合格后出厂，但因滤油不彻底，油中仍残留乙炔所致。厂家对此做出质量承诺 |
| 5 | 1号、3号主变压器有载分接开关法兰与支撑法兰之间留有间隙分别为40mm和38mm，超过DL/T 574—2010《有载分接开关运行维修导则》规定的15~20mm | 此问题不影响安全运行，1号、3号主变压器情况不做整改。要求厂家在后续产品中提供加工木垫，在现场吊罩时，先将木垫固定在断路器托架上，再拆卸断路器，保证法兰间间隙控制在20mm |
| 6 | 3号主变压器底部存在锈蚀现象 | 要求厂家对存在锈蚀的部分进行打磨并重新喷漆处理 |
| 7 | 上定位柱未恢复原有状态，变压器就位需要移动，在就位过程中，不能保证变压器内部不发生偏移 | 要求厂家将1号、3号主变压器运输定位木垫送往现场并将木垫安装在运输定位位置，确保二次运输时的可靠性，并要求厂家后续产品均提供木垫，用于更换因吊罩而损坏的木垫，满足现场施工需要 |
| 8 | 1号、3号主变压器运输没有安装压力检测表 | 要求2号主变压器运输安装压力检测表进行监视，到达现场后油箱内要求应保持正压。要求厂家带油运输过程中，保持正压、防潮 |

## 4 故障分析

（1）针对110kV某变电站3台主变压器出厂前验收中发现的问题，验收人员及专业负责人认为主要原因为：

1）在设备出厂前，厂家工作人员未能及时发现并处理主变压器相关缺陷。

2）厂家对于产品的设计要求和工艺要求不够严格。

3）厂家工作人员未能严格按照相关规程开展装配工作。

（2）对于在110kV某变电站进行主变压器吊罩验收过程中发现的一系列问题，验收人员以及专业负责人经过分析研究，并结合厂家给出的说明函，认为原因如下：

1）变压器在厂家进行总装及后续工艺的过程中，操作人员工作不认真，器身清理工作不彻底，且工艺检查人员责任心不强，未及时发现问题并进行处理。

2）厂家产品的质量、工艺管理体系存在漏洞，对于出厂产品的品质管理不够严格。

3）厂家研制的产品均按照习惯设计成免吊芯结构，该结构产品在现场吊芯时受结构所限，需以产品上部层压木质定位钉作为支点撬动，定位钉在工厂进行干燥后质地变脆，在撬动的过程中产生较多的木屑。

4）在产品发运前，储运人员并未对其进行全面的检查，以致漏装氮气压力表并未被及时发现和进行处理。

5）厂家的现场服务人员未严格执行现场吊罩的工艺要求，现场监督人员监管力度不够。

## 5 防范措施

（1）严格执行相关规程的要求，加强对主变压器的验收工作。

（2）验收过程中对发现的问题做好相关照片及资料的记录工作，并将发现的问题整理成册，统一管理，及时反馈。

（3）验收前要求厂家熟悉相关的规程并在安装过程中严格执行，防止相关情况发生。

# 6 110kV 某变电站 2 号主变压器出厂验收分析

## 1 设备参数

（1）设备名称：2 号主变压器。

（2）设备型号：SZ11-63000/110。

## 2 设备故障情况

2012 年 3 月 18 日，验收人员在 110kV 某变电站进行 2 号主变压器现场就位见证。变压器共有 4 个起支撑作用的千斤顶支架，分别位于储油柜两侧第一个下蝶阀下和有载调压开关两侧第一个下蝶阀下，如图 6-1 所示。就位现场需要使用液压千斤顶置于千斤顶支架下将变压器顶起，然后在变压器下方放置导轨，慢慢将变压器就位。

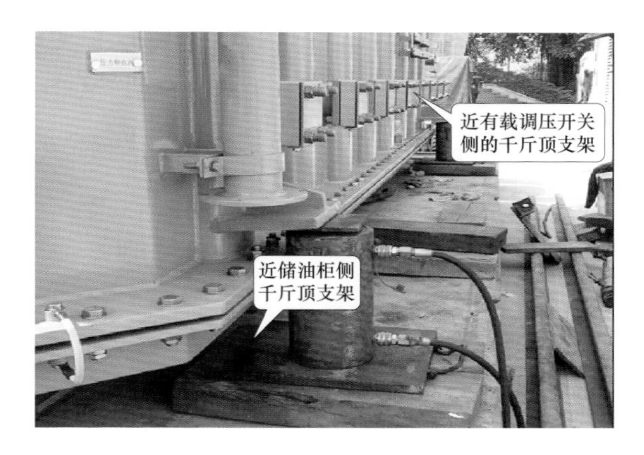


图 6-1　千斤顶支架位置图

现场就位时发现，变压器千斤顶支架受到液压千斤顶向上的推力作用而产生向上倾斜变形（如图 6-2 所示），同时底部焊接处出现裂纹（如图 6-3 所示）。由于现场并不能确定主变压器内部结构是否发生变化，经过各负责人多方面综合考虑分析后，为确保变压器运行的安全、可靠性，决定将变压器返厂进行加固处理。

图 6-2　千斤顶板向上倾斜变形

图 6-3　千斤顶板底部焊接处有裂纹

## 3 故障处理

变压器返厂后，厂家将 4 个千斤顶支架拆下，然后从变压器内部对原支架的位置进行测量，如图 6-4 所示。通过测量，确定了千斤顶支架的倾斜变形没有引起变压器本体结构变化，可以直接进行加固处理工作。为能达到较好的加固效果，厂家对千斤顶支架的结构进行了重新的设计，并更改了千斤顶支架的位置。

图 6-4　厂家从变压器内部进行测量

千斤顶支架原来的设计是在其上部焊接了一块三角支撑板（如图 6-5 所示），经重新设计后千斤顶支架上部两侧和底部各增加了一块三角支撑板（如图 6-6 所示），并在内部增加了十字支撑架（如图 6-7 所示）。

另外，厂家将储油柜侧千斤顶支架的位置由第一个下蝶阀下更改至第二个下蝶阀下（如图 6-8 所示），有载调压开关侧的则由第一个下蝶阀下更改至第三个下蝶阀下（如图 6-9 所示）。

图 6-5　旧千斤顶支架

图 6-6　新千斤顶支架

图 6-7　内部十字支撑架

图 6-8　储油柜侧千斤顶支架位置更改

图 6-9　有载调压开关侧千斤顶支架位置更改

完成加固工作后，对变压器连同附件一同做承重试验，如图 6-10 所示。试验前，测量千斤顶支架的内侧和外侧至变压器箱沿的距离，如图 6-11 所示。

图 6-10　变压器承重试验

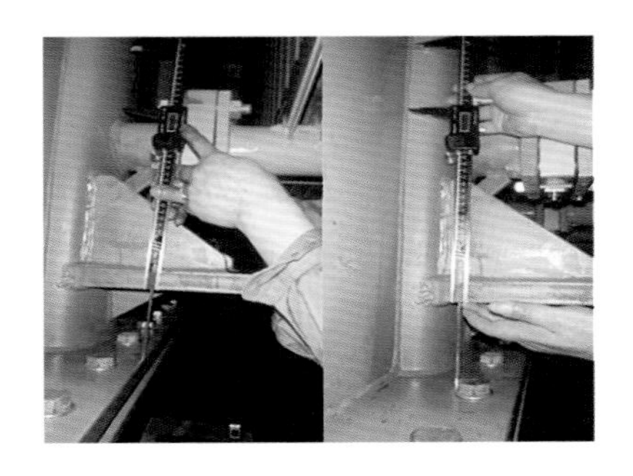

图 6-11　测量千斤顶支架的外侧和内侧至变压器箱沿的距离

试验过程中再次进行测量，测量数据见表6-1。由测量数据可知，加固后的千斤顶支架在承重试验前后最大变化幅度不超过1.5mm，变化幅度在正常范围内，试验合格。

表6-1　　承重试验数据　　mm

| 试验数据 | 变压器高压侧左 | | 变压器高压侧右 | | 变压器低压侧左 | | 变压器低压侧右 | |
|---|---|---|---|---|---|---|---|---|
| | 内侧 | 外侧 | 内侧 | 外侧 | 内侧 | 外侧 | 内侧 | 外侧 |
| 试验前 | 100.68 | 101.08 | 100.33 | 102.22 | 99.71 | 100.3 | 100.05 | 102.5 |
| 试验中 | 101.09 | 101.76 | 100.8 | 102.5 | 99.8 | 101 | 101.2 | 102.9 |

## 4　故障分析

通过对变压器现场验收以及返厂处理后分析可知，造成110kV某变电站2号主变压器千斤顶支架变形的原因主要有以下几点：

（1）变压器设计上存在根本性缺陷。厂家没有准确地计算变压器支撑点的位置，顶升时各个千斤顶支架受力不均。

（2）千斤顶支架结构设计不合理。原千斤顶支架只在其上部焊接一块三角板，结构上并不能承担起整台变压器的重量。

（3）焊接工艺不过关。厂家在焊接变压器本体和千斤顶支架时存在虚位，致使千斤顶支架在经液压千斤顶打压后，底部焊接处出现明显裂纹。

## 5　防范措施

在该变电站2号主变压器更换验收工作中，验收人员按照验收规程和变压器说明书的相关规定严格把关验收，及时在投运前发现变压器千斤顶支架变形这一重大缺陷，并成功消除了设备的安全隐患。最终该变电站2号主变压器于4月18日如期投运。

为了防止同类情况的发生，今后需注意以下几点：

（1）在变压器验收过程中，注意变压器的设计图纸及明确的吊装方案，交相关部门审查。

（2）出厂验收过程中，加强对变压器主要受力点的检查力度，通过进行承重试验来确定变压器支撑点的受力情况。

（3）在主变压器安装过程中安排好监护人员，超吊过程中加强对主变压器受力点及支撑点的监控，发现异常情况应及时停止吊装，并及时反馈。

（4）顶升变压器前，检查枕木、垫块和液压千斤顶的质量，对于发现的质量问题，应及时停止作业并通知厂家进行更换。

（5）对于液压千斤顶升降的操作应使千斤顶支架各点受力均匀，并及时垫好垫块。

新设备在验收期间的整改工作在设备的整个生命周期内扮演着非常重要的角色，直接影响设备的安全可靠运行。因此，必须严格把关设备的验收工作，将设备的安全隐患消除于投运前。

# 7 110kV 某变电站 2 号主变压器本体乙炔超标分析

## 1 设备参数

（1）设备名称：2 号主变压器本体。

（2）设备型号：SZ12-50000/110。

（3）设备参数：总油重 13.2t。

（4）出厂日期：2006 年 7 月。

（5）投运日期：2007 年 9 月。

（6）有载调压开关型号：VⅢ350Y-76/10193G。

## 2 设备故障情况

2012 年 5 月 31 日，在对 110kV 某变电站 2 号主变压器本体变压器油进行定期色谱分析后，发现油样乙炔含量为 7.93μL/L，超过 Q/CSG 114002—2011《电力设备预防性试验规程》中规定的“110kV 主变压器油中溶解气体色谱分析乙炔注意值 5μL/L”，属重大缺陷。2012 年 6 月 5 日，2 号主变压器本体变压器油中乙炔含量达到最大值 8.7μL/L。2012 年 6 月 7 日，检修人员对 2 号主变压器有载调压开关进行大修，之后 2 号主变压器乙炔含量有所下降，但仍然高于注意值。

## 3 故障处理

2012 年 6 月 7 日，检修人员结合该变电站 2 号主变压器有载调压开关大修工作，对有载调压开关油室进行密封性检查。工作人员吊出有载调压开关芯子后对变压器本体进行加压试漏，发现有载调压开关油室密封大法兰处存在渗油现象。因此可以确定造成 2 号主变压器本体油质乙炔超标的原因为：有载调压开关油室密封大法兰密封不严，导致变压器本体油室与有载调压开关油室油路互相渗透，有载调压开关油室内的乙炔向本体油室扩散。因当时没有有载调压开关大法兰盖等配套胶圈，故将缺陷推迟处理。

2013年1月16日，检修人员对该变电站2号主变压器本体排油后，吊出有载调压开关芯子，然后拆开有载调压开关上部大法兰盖更换密封胶圈。更换胶圈后对2号主变压器本体进行补油。当对主变压器滤油后，检修人员用氮气对主变压器本体储油柜加压（压力为0.032MPa），检查发现有载开关油室无渗漏现象。然后将有载调压开关安装上并开启真空滤油机进行热油循环。1月19日停止滤油循环，静置72h后取本体油样试验，试验结果显示2号主变压器本体乙炔含量为0.1μL/L。之后继续对2号主变压器本体油样进行跟踪试验，数据见表7-1，试验结果均合格。

**表7-1　　缺陷处理后2号主变压器本体油样色谱数据**　　μL/L

| 日期 | 氢（$H_2$） | 甲烷（$CH_4$） | 乙烷（$C_2H_6$） | 乙烯（$C_2H_4$） | 乙炔（$C_2H_2$） | 一氧化碳（CO） | 二氧化碳（$CO_2$） | 总烃 |
|---|---|---|---|---|---|---|---|---|
| 2013-1-23 | 7.49 | 0.41 | 0 | 0.09 | 0.1 | 11 | 170 | 0.600 |
| 2013-3-13 | 9.96 | 0.92 | 0.5 | 0.18 | 0.66 | 60 | 579 | 2.260 |
| 2013-5-13 | 1.65 | 1.1 | 0.29 | 0.32 | 0.98 | 72 | 579 | 2.690 |

## 4　故障分析

### 4.1　色谱数据分析

2号主变压器在2012年5月9日前，油色谱试验数据一直正常。2012年5月31日油色谱试验时，乙炔含量为7.93μL/L，超过注意值5μL/L。随后，变电站工作人员对2号主变压器本体乙炔含量进行定期跟踪，密切关注油中溶解气体的变化趋势，数据见表7-2。

**表7-2　　2号主变压器本体油色谱定期监测数据**　　μL/L

| 时间 | 氢（$H_2$） | 甲烷（$CH_4$） | 乙烷（$C_2H_6$） | 乙烯（$C_2H_4$） | 乙炔（$C_2H_2$） | 一氧化碳（CO） | 二氧化碳（$CO_2$） | 总烃 |
|---|---|---|---|---|---|---|---|---|
| 2012-5-9 | 9.25 | 5.83 | 0.69 | 0.62 | 0 | 647 | 990 | 7.14 |
| 2012-5-31 | 31.29 | 12.46 | 1.59 | 5.00 | 7.93 | 835 | 1498 | 26.980 |

续表

| 时间 | 氢 ($H_2$) | 甲烷 ($CH_4$) | 乙烷 ($C_2H_6$) | 乙烯 ($C_2H_4$) | 乙炔 ($C_2H_2$) | 一氧化碳 (CO) | 二氧化碳 ($CO_2$) | 总烃 |
|---|---|---|---|---|---|---|---|---|
| 2012-6-5 | 35.3 | 13.27 | 1.35 | 5.17 | 8.7 | 912 | 1629 | 28.490 |
| 2012-6-12 | 30.61 | 8.74 | 1.13 | 3.66 | 8.55 | 539 | 1008 | 22.080 |
| 2012-6-21 | 33.05 | 9.02 | 0.99 | 3.53 | 8.16 | 598 | 1037 | 21.700 |
| 2012-9-5 | 33.01 | 13.74 | 1.58 | 5.21 | 6.22 | 934 | 1945 | 26.750 |

### 4.2 故障类型及性质

变压器内部故障一般分为放电性故障和过热性故障两大类。放电性故障又分为局部放电、低能量放电（火花放电）和高能量放电（电弧放电）；过热性故障分为低温过热、中温过热、高温过热等。为了确定故障类型及性质，按 DL/T 722—2000《变压器油中溶解气体分析和判断导则》中的三比值法，对表 2 中 2012 年 5 月 31 日的色谱数据进行计算，其编码组合数为 1、0、2，故障类型及性质为低能量放电，具体可能是以下三种情况之一：

（1）引线对电位未固定的部件之间连续火花放电；

（2）分接抽头引线和油隙闪络；

（3）不同电位之间的油中火花放电或悬浮电位之间的火花放电。

### 4.3 故障严重程度及发展趋势的判断

按 DL/T 722—2000《变压器油中溶解气体分析和判断导则》提出的产气速率公式，计算出绝对产气速率。绝对产气速率即每个运行日产生某种气体的平均值，计算公式为

$$y_a = \frac{c_{12} - c_{11}}{\Delta t} \times \frac{G}{\rho} \tag{7-1}$$

式中 $y_a$——绝对产气速率，mL/d；

$c_{12}$——第二次取样测得油中某气体浓度，μL/L；

$c_{11}$——第一次取样测得油中某气体浓度，μL/L；

$\Delta t$——两次取样时间间隔中的实际运行时间日，d；

$G$——设备总油量，t；

$\rho$ ——油的密度，$t/m^3$。

将表 7-2 中 2012 年 5 月 31 日及 6 月 5 日的数据代入式（7-1）中，可得到乙炔的绝对产气速率

$$y_a = \frac{8.7 - 7.93}{5} \times \frac{13.2}{0.89} = 2.28 \text{ (mL/d)}$$

变压器乙炔绝对产气速率的注意值见表 7-3。

表 7-3　　变压器乙炔绝对产气速率的注意值　　mL/d

| 开放式 | 隔膜式 |
|---|---|
| 0.1 | 0.2 |

通过计算发现，变压器油中乙炔的绝对产气速率大大高于 DL/T 722—2000《变压器油中溶解气体分析和判断导则》规定的产气速率注意值，可判定故障发展速度较快。

### 4.4　高压试验和油分析相结合寻找故障点

为了确定 2 号主变压器内部是否存在局部放电现象（如存在则要找到局部放电点的确切位置），2012 年 6 月 4 日对该主变压器进行局部放电测试，结果未发现变压器内部存在放电现象。同时，主变压器本体油中的乙炔值在到达最大值 8.7μL/L 之后有轻微下降趋势，如果存在放电现象，主变压器本体油中的乙炔含量将会持续增长。因此，可以判断 2 号主变压器内部不存在局部放电缺陷。

之后，对有载调压开关变压器油进行色谱分析（在特殊情况下可对有载开关变压器油进行色谱分析，以作为变压器故障的辅助判断），数据见表 7-4，其结果合格。

表 7-4　　有载调压开关变压器油色谱数据　　μL/L

| 氢 ($H_2$) | 甲烷 ($CH_4$) | 乙烷 ($C_2H_6$) | 乙烯 ($C_2H_4$) | 乙炔 ($C_2H_2$) | 一氧化碳 (CO) | 二氧化碳 ($CO_2$) | 总烃 |
|---|---|---|---|---|---|---|---|
| 918.26 | 134.01 | 5.31 | 97.56 | 643.45 | 959 | 3608 | 880.330 |

对主变压器油进行微水分析，其微水含量为 2.5mg/L，符合 Q/CSG

114002—2001《电力设备预防性试验规程》规定的“110kV 以下变压器微水含量不得大于 35mg/L”。这说明变压器内部不可能有微量水分形成“小桥”放电。

2012 年 6 月 6 日，对 2 号主变压器本体进行预防性试验。试验项目有主变压器绕组的变形测试、直阻测试，绕组连同套管的绝缘、介损测试，绕组所有分接的电压比测试，试验结果均合格。

**4.5 其他原因分析**

该变电站自 2007 年 9 月投运以来，未发生过重大或紧急缺陷，也没有超额定容量运行的情况发生，所以变压器在非故障情况下油中出现乙炔的原因可能有以下几点：

（1）现场油处理设备引起。例如：滤油机加热元件故障或因油泵停运，而加热元件仍工作，引起加热器中的油过热分解；因油罐、滤油机中的残油中含有乙炔，使用前又未处理干净引起。查阅该主变压器安装试验报告及历年运行检修记录，发现 2012 年 5 月 9 日时主变压器油色谱试验结果正常，而且在此之后 2 号主变压器没有进行过油处理工作，因此排除了此项可能原因。

（2）对变压器进行补焊产生乙炔。安装过程中有时要对变压器进行焊接作业，焊区的高温可能会引起油分解而产生乙炔。但 2 号主变压器从未进行过焊接作业，因此又排除了此项可能原因。

（3）有载调压开关油室与变压器油箱之间密封油路互相渗透。表 4 中数据显示有载调压开关油室乙炔含量较高，有可能是因为有载调压开关绝缘油中的乙炔流入变压器油箱中，使主变压器本体的乙炔含量上升。值得注意的是，在 2012 年 6 月 7 日对 2 号主变压器有载调压开关大修后（已更换有载调压开关油室的变压器油），主变压器本体的乙炔含量呈轻微下降趋势。所以，极有可能是因为有载调压开关油室与主变压器本体油箱互相渗透，在有载调压开关油室更换新变压器油后，主变压器本体的乙炔流向有载调压开关油室，最终使得主变压器本体的乙炔含量轻微下降。

### 4.6 结论

综合以上的变压器油色谱分析、局部放电测试、有载调压开关变压器油的色谱分析、主变压器油微水分析及其他原因分析，造成2号主变压器本体变压器油乙炔超标的原因很有可能就是有载调压开关油室与变压器油箱之间的油路互相渗透。

主变压器有载调压开关与本体油路渗透的原因主要有以下三个方面：

（1）有载调压开关设计及制造工艺不当，部分有载调压开关连接片及密封胶圈之间不匹配，导致密封胶圈受挤压力度不均，密封破坏，产生了渗油。

（2）有载调压开关密封结构不合理，密封材质欠佳。例如O型密封胶圈材质不良、易老化、易受磨损，长期浸泡在油中出现裂缝，造成调压断路器筒体间间隙过大，密封胶圈被挤入间隙，这时O型密封胶圈在槽中出现翻滚现象。当挤入间隙的长度超过其弹性变形范围时，就会因发生永久变形而遭到破坏。

（3）有载调压开关安装及注油方法不当。在对主变压器本体进行真空注油时，如未将主变压器本体油箱与有载调压开关油室连通，而只对主变压器本体抽真空，有载调压开关油室仍处在正常的大气压下，就会造成两个油室之间出现较大的压差。有载调压开关密封件、轴封等均要承受这一压差，会使密封遭受不同程度的损坏。

根据相关检修导则规定，110kV/20 000kVA 及以上的主变压器，抽真空的真空度（残压）应达到0.035MPa。如果其有载调节开关未抽真空，则密封件承受的压差为0.065MPa，超过了密封件的设计密封强度0.05MPa，这种情况下，密封件就会受到损坏，出现渗漏油现象。

## 5 防范措施

防止主变压器油箱与有载调压开关油室油路渗透的措施如下：

（1）对主变压器真空注油时需严格防止出现压差，以免破坏密封。对

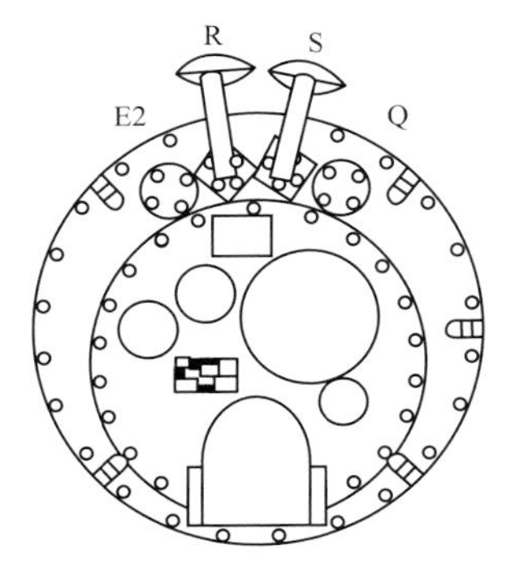


图 7-1　有载调压开关盖板示意图

不同类型的有载调压开关可以采用不同的方法，例如 V 型断路器，在断路器盖板上有专用的 4 个连接管和小法兰孔 E2、R、Q、S，如图 7-1 所示。其中 E2 从断路器盖板下接通变压器本体油箱。抽真空时，只需连接 E2 和 Q 法兰孔，就可使断路器油室与变压器油箱连通。

（2）改进密封结构，提高密封程度。现场主变压器安装或大修时，应认真检查有载调压开关的全部密封件及密封装配情况，严格工艺，采取适当紧固、更换、改进密封结构等措施，以提高其密封程度。

（3）加强主变压器验收，严格把关主变压器各部件质量。在采购时选取质量优等的密封胶圈，在监造过程中增加对主变压器油箱与有载调压开关油室的密封性试验。

# 8 110kV 某变电站 2 号主变压器 110kV 侧中性点套管绝缘不合格缺陷分析

## 1 设备参数

（1）110kV 某变电站 2 号主变压器。

1）设备型号：SZ10-63000/110。

2）投运日期：2010 年 8 月 2 日。

（2）110kV 侧中性点套管。

1）设备型号：BRDLW2-72.5/630-3。

2）投运日期：2010 年 8 月 2 日。

## 2 设备故障情况

### 2.1 故障发现情况

2013 年 7 月 19 日，试验人员在 110kV 某变电站进行 2 号主变压器套管预防性试验时发现 110kV 侧中性点套管绝缘下降，主绝缘及末屏绝缘的绝缘电阻均只有 3MΩ，电容量变化 143.7%。2 号主变压器套管相关试验数据见表 8-1。

从表 8-1 可知：中性点套管绝缘与交接时相比大幅下降，电容值与交接时相比增长近 143.7%。各项测试数据均超出 Q/CSG 114002—2011《电力设备预防性试验规程》要求，初步判定为套管绝缘下降，但还需对套管绝缘油进行油化分析，作进一步判定。

### 2.2 设备检查情况

当天检修人员赶到现场，对 2 号主变压器 110kV 侧中性点套管进行检查。检修人员通过中性点套管上部油位观察镜发现，套管内部金属部位存在锈蚀，并且轻轻拍打套管时绝缘油出现气泡，如图 8-1 所示。

**表 8-1　　　　　　2 号主变压器套管相关试验数据**

| | | | | | | | |
|---|---|---|---|---|---|---|---|
| 2010 年交接试验数据 | 铭牌电容（pF） | 套管电容 $C_x$（pF） | 电容差（%） | tan$\delta$（%） | 主绝缘的绝缘电阻（MΩ） | 末屏绝缘的绝缘电阻（MΩ） | 末屏电容 $C_N$（pF） |
| | 354 | 354 | 0 | 0. 25 | 50 000 | 2500 | \ |
| 2013 年交接试验数据 | 铭牌电容（pF） | 套管电容 $C_x$（pF） | 电容差（%） | tan$\delta$（%） | 主绝缘的绝缘电阻（MΩ） | 末屏绝缘的绝缘电阻（MΩ） | 末屏电容 $C_N$（pF） |
| | 354 | 862. 8 | 143. 7% | 0 | 3 | 3 | 2166 |
| 使用仪表 | 介损电桥 AI-6000（D）　电动绝缘电阻表 3121 | | | | | | |
| 要求 | 1）110kV 及以上套管主绝缘的绝缘电阻值一般不应低于 10 000MΩ，末屏对地的绝缘电阻不应低于 1000MΩ；<br>2）主绝缘 20℃时的 tan$\delta$% 值不应大于 GB 50150—2006《电气装置安装工程　电气设备交接试验标准》的规定值（110kV 油纸型套管的 tan$\delta$% 值为不大于 1%）；<br>3）当电容型套管末屏对地绝缘电阻低于 1000MΩ 时，应测量末屏对地的 tan$\delta$，其值不大于 2%；<br>4）当电容量变化达到+5%（或达到一层电容屏击穿引起的变化）时应认真处理，并查明原因 | | | | | | |

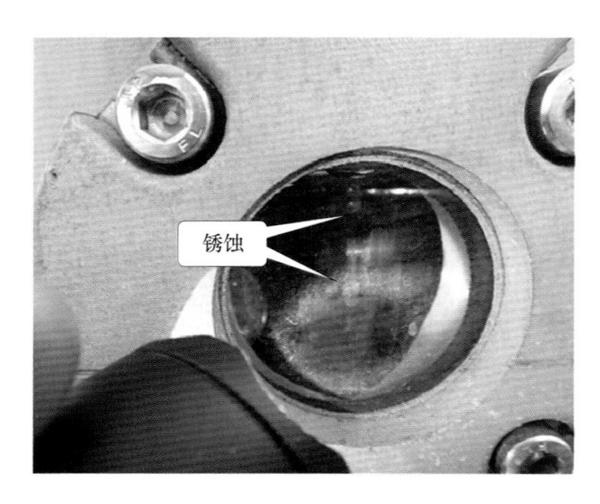


图 8-1　套管内部存在锈蚀

另外，检修人员拆开中性点套管上部注油塞检查时发现，注油塞存在严重氧化痕迹，其密封胶圈已损坏，失去弹性，如图 8-2 所示。

图 8-2　注油塞严重氧化（密封胶圈损坏）

通过外观检查，检修人员判定：2 号主变压器 110kV 侧中性点套管因上部注油塞密封不良，外部水分渗入套管导致套管绝缘下降。

**2.3　设备试验情况**

油化验员对 2 号主变压器本体及中性点套管抽取油样进行试验，结果见表 8-2。油样分析显示，中性点套管中氢气含量为 1793.9μL/L、$CO_2$ 含量为 36 012μL/L、微水含量为 60mg/L，均严重超标。按三比值法对表 8-2 中的中性点套管绝缘油色谱数据进行计算，其编码组合数为 0、1、0，故障类型及性质为局部放电。另外，油中 $CO_2$ 含量高达 36 012μL/L，说明故障已涉及固体绝缘。因此，中性点套管缺陷判断为套管绝缘受潮，套管电容屏已部分击穿。

**表 8-2　　2 号主变压器本体及中性点套管油试验数据**

| 设备 | 氢（μL/L） | 甲烷（μL/L） | 乙烷（μL/L） | 乙烯（μL/L） | 乙炔（μL/L） | 一氧化碳（μL/L） | 二氧化碳（μL/L） | 总烃（μL/L） | 微水（mg/L） |
|---|---|---|---|---|---|---|---|---|---|
| 2 号主变压器高压侧中性点套管 | 1793.9 | 20.43 | 10.68 | 4.22 | 0 | 190 | 36 012 | 35.34 | 60 |
| 2 号主变压器本体 | 9.64 | 3.88 | 0.53 | 0.45 | 0 | 335 | 848 | 4.94 | 6 |

Q/CSG 114002—2011《电力设备预防性试验规程》要求：油中溶解气体组分含量（μL/L）超过下列任一值时应引起注意，并停电检查。

$H_2$：500；$CH_4$：100；$C_2H_2$：1（220、500kV）或 2（110kV）；微水含量：≤35mg/L（110kV）

## 2.4 设备解体分析

为了进一步确定套管故障的原因，检修人员对更换下来的该变电站2号主变压器110kV侧中性点套管进行了解体检查。解体时套管散发出一股刺激性异味。通过观察套管内部发现，套管储油柜内壁及弹簧氧化严重，如图8-3、图8-4所示。

图8-3　储油柜内壁存在油泥

图8-4　弹簧生锈

从图8-3、图8-4可以看出，套管顶部储油柜内有大量铁锈，结合试验结果可以判断套管进水已经持续了一段时间。套管上部注油阀密封胶圈损坏（如图8-5所示），套管密封已失效，导致外部水分通过套管注油阀进入套管内部。由于套管芯子是由多层电缆纸和铝箔交错卷制而成的，所以当潮气进入套管内部后，带杂质的潮气浸入电容屏间或绝缘层间，造成电缆纸逐渐老化，导致套管的绝缘下降。从图8-6中可以发现，电缆纸受到潮气侵蚀，已变为深褐色，正常的电缆纸应为金黄色。

图8-5　套管注油阀密封胶圈损坏

图8-6　电缆纸变为深褐色

## 3 故障分析

该变电站2号主变压器中性点套管为油纸电容型，主要由储油柜、电容芯子、瓷套、连接法兰及其他固定附件组成。电容芯子内部导电管上卷有电缆纸和铝箔，最外面的一层铝箔即为末屏。套管在运行中相当于多个电容器相串联的电路，正常情况下系统电压均匀地分配在电容芯子的全部绝缘上。本次缺陷由于套管上部注油塞密封破坏，引起外部水分渗入套管内部，潮气持续浸入电容屏间或绝缘层间。随着受潮程度加重，容性损耗产生热量并加速绝缘老化，绝缘油在高温下碳化分解产生气体，套管内部压力逐渐上升，加剧密封装置损坏，在系统电压的作用下开始产生局部放电，最终导致套管绝缘下降和电容值不合格，直至试验人员对该主变压器进行年度预防性试验时才发现该缺陷。

查阅该变电站2号主变压器的检修和预防性试验记录发现，2号主变压器自投运至今，都没有对110kV侧中性点套管进行检修和取油样的记录，因此套管上部注油塞确定没有打开过。该套管注油塞在投运3年之内密封性破坏，很可能是因为厂家在取套管油样后，安装注油塞时因安装不当导致密封胶圈被压坏。

## 4 同类型设备情况

2013年7月22日，试验人员在110kV某变电站进行3号主变压器套管预试时发现110kV侧中性点套管电容量变化-4.65%，接近注意值5%，多次测试及更换仪器复测结果无变化。套管相关试验数据见表8-3。

表8-3　　3号主变压器套管相关试验数据

| 2010年交接试验数据 | 铭牌电容（pF） | 套管电容 $C_x$（pF） | 电容差（%） | $\tan\delta$（%） | 主绝缘的绝缘电阻（MΩ） | 末屏绝缘的绝缘电阻（MΩ） | 末屏电容 $C_N$（pF） |
|---|---|---|---|---|---|---|---|
| | 342 | 342 | 0 | 0.281 | 14 000 | 70 000 | \ |
| 2013年交接试验数据 | 铭牌电容（pF） | 套管电容 $C_x$（pF） | 电容差（%） | $\tan\delta$（%） | 主绝缘的绝缘电阻（MΩ） | 末屏绝缘的绝缘电阻（MΩ） | 末屏电容 $C_N$（pF） |
| | 342 | 326.1 | -4.65% | 0.288 | 30 000 | 30 000 | 737 |

| 使用仪表 | 介损电桥 AI-6000（D） 电动摇表 3121 |
|---|---|
| 要求 | 1）110kV 及以上套管主绝缘的绝缘电阻值一般不应低于 10 000MΩ，末屏对地的绝缘电阻不应低于 1000MΩ；<br>2）主绝缘 20℃时的 tanδ% 值不应大于 GB 50150—2006 的规定值（110kV 油纸型套管的 tanδ% 值为不大于 1%）；<br>3）当电容型套管末屏对地绝缘电阻低于 1000MΩ 时，应测量末屏对地的 tanδ，其值不大于 2%；<br>4）当电容量变化达到+5%（或达到一层电容屏击穿引起的变化）时应认真处理，并查明原因 |

检修人员发现 3 号主变压器中性点套管底部瓷套与底座连接处有开裂现象，如图 8-7 所示。为确保变压器安全稳定运行，经与设备管理部联系，决定更换 110kV 某变电站 3 号主变压器 110kV 侧中性点套管。

图 8-7　3 号主变压器中性点套管底部瓷套与底座连接处有开裂现象

油化验员对 3 号主变压器本体及中性点套管抽取油样进行试验，结果见表 8-4。油样分析显示 3 号主变压器中性点套管油试验数据合格。

**表 8-4　　　　3 号主变压器中性点套管油试验数据**

| 设备 | 氢（μL/L） | 甲烷（μL/L） | 乙烷（μL/L） | 乙烯（μL/L） | 乙炔（μL/L） | 一氧化碳（μL/L） | 二氧化碳（μL/L） | 总烃（μL/L） | 微水（mg/L） |
|---|---|---|---|---|---|---|---|---|---|
| 3 号主变压器高压侧中性点套管 | 37. 37 | 7. 79 | 5. 45 | 0. 7 | 0 | 249 | 2060 | 13. 94 | 3 |
| Q/CSG 114002—2011《电力设备预防性试验规程》要求：油中溶解气体组分含量（μL/L）超过下列任一值时应引起注意，停电检查。<br>$H_2$：500；$CH_4$：100；$C_2H_2$：1（220、500kV）或 2（110kV）；微水含量：≤35mg/L（110kV） | | | | | | | | | |

7 月 31 日，检修人员对某变电站 3 号主变压器中性点套管进行解体分析。解体发现，套管注油阀及储油柜弹簧完好，没有氧化痕迹，结合油化验数据及套管解体检查，检修人员判定该套管没有渗水。但是，当解开电容芯子内部导电管上的电缆纸和铝箔时，发现铝箔存在多处皱褶，如图 8-8 所示。

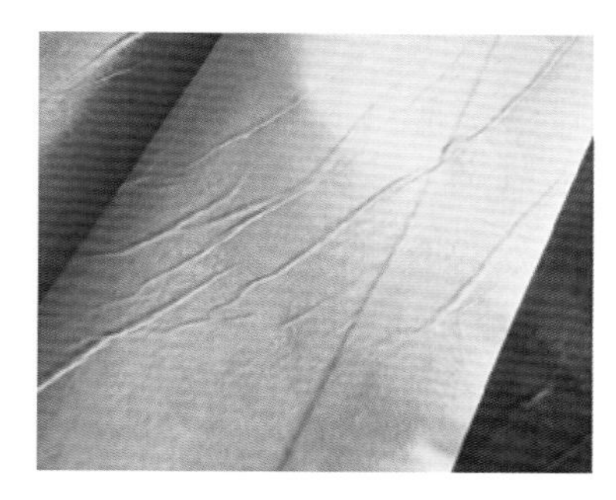

图 8-8　铝箔存在多处皱褶

氧化铝是介电常数比较高的介电材料。铝箔表面经氧化处理后会形成一定厚度的氧化铝膜，套管的电容芯子就是利用这层铝膜的介电性质来实现存储电荷的功能。铝箔电容的电容量公式为

$$C \equiv \varepsilon_0 \varepsilon_r \frac{S}{d}$$

式中：$C$ 为电容量；$\varepsilon_0$和$\varepsilon_r$分别为真空介电常数和相对介电常数；$S$ 和 $d$ 分别为介电薄膜的面积和厚度。

氧化铝的相对介电常数为 8~10。由电容量的计算公式可以看出$\varepsilon_0$和$\varepsilon_r$都是自然常数，如果电容芯子的铝箔发生多处皱褶，会使介电薄膜的面积 $S$ 减少，导致套管的电容量下降。

对比某变电站 2 号主变压器中性点套管和 3 号主变压器中性点套管的解体情况，发现 3 号主变压器中性点套管电容芯子的铝箔安装质量相对较差，铝箔多处发生皱褶。因此，建议在选购变压器套管时，要求厂家选用质量优异的铝箔，并提高安装质量。

## 5 防范措施

通过对某变电站 2 号主变压器 110kV 侧中性点套管缺陷进行分析，不难发现产生本次套管缺陷的原因为套管注油阀密封失效，使套管储油柜进水，导致套管主绝缘及油的性能下降。在潮气的长期作用下，套管的绝缘强度逐渐降低。形成此缺陷的原因，一方面是套管本身设计或制造存在薄弱环节，以及变压器在长期运行过程中可能出现种种问题，如套管密封胶圈质量不过关、密封垫承受过压等缺陷；另一方面是人为因素，是厂家在安装过程中未严格按照施工规范做好各项检查工作等造成的。为避免此类型故障的再次发生，建议如下：

（1）在变压器安装过程中，按照规程见证，严格把控厂家的安装质量关；变压器在投运前，必须检查变压器密封性，确保主变压器套管注油塞密封性良好。

（2）选购变压器套管时，要求厂家选用质量优异的铝箔，并提高安装质量。

（3）采购一批与原厂型号相同的注油塞及密封胶圈备品，以便出现套管注油塞密封胶圈损坏缺陷时能够及时处理，避免事故的发生。

（4）结合停电计划，对投运 5 年内，特别是采用同类型套管的主变压器进行检查维护，确保主变压器套管的注油塞及密封胶圈良好。

# 9 110kV 某变电站 2 号主变压器散热器严重漏油分析

## 1 设备参数

（1）设备名称：2 号主变压器。

（2）设备类别：主变压器类。

（3）设备型号：SZ9-50000/110。

（4）出厂日期：1999 年 1 月。

（5）投运日期：2001 年 6 月 29 日。

（6）油重/气重：16. 5t；油号：25 号。

（7）运行年限：12 年。

## 2 设备故障情况

（1）结合主变压器维护和巡视情况的汇总，工作人员发现某变电站 2 号主变压器散热器放气嘴和法兰阀存在很多漏油点，设备存在漏油缺陷等安全风险。对此检修工作人员于 2013 年 3 月 18 日处理 2 号主变压器漏油，并对其有载开关大修，以及进行 2 号主变压器维护。同时在 2 号主变压器散热器放气嘴和法兰阀漏油处上紧螺栓，其中 12 号散热器放气嘴更换密封胶圈，更换后放气嘴无漏油、渗油的痕迹。

（2）2013 年 3 月 27 日，运行巡视人员发现 2 号主变压器散热器严重漏油，紧急通知班组抢修。

## 3 故障处理

（1）2013 年 3 月 27 日，工作人员赶到现场后，寻找 2 号主变压器漏油位置。

（2）现场相关保护动作，2013 年 3 月 27 日 13：05：19 时 2 号主变压器保护轻瓦斯信号动作，如图 9-1 所示。

| | | | | |
|---|---|---|---|---|
| | | 10kV#3电容器526开关控制回路断线 | 合 | |
| [illegible] | 2013-03-27 13:09:32 | #3主变档位 | 降档 | |
| 变位 | 2013-03-27 13:09:31 | #3主变档位BCD码4 | 合 | |
| 变位 | 2013-03-27 13:09:31 | #3主变档位BCD码1 | 合 | |
| 变位 | 2013-03-27 13:09:30 | #3主变档位BCD码4 | 分 | |
| 变位 | 2013-03-27 13:09:30 | #3主变档位BCD码2 | 分 | |
| 变位 | 2013-03-27 13:06:02 | 10kV#6电容器537开关弹簧未储能 | 分 | |
| 变位 | 2013-03-27 13:05:57 | 10kV#6电容器537开关控制回路断线(硬接点) | 分 | |
| 变位 | 2013-03-27 13:05:55 | 10kV#6电容器537开关弹簧未储能 | 合 | |
| 变位 | 2013-03-27 13:05:55 | 10kV#6电容器537开关位置 | 合闸 | |
| 变位 | 2013-03-27 13:05:55 | 10kV#6电容器537开关控制回路断线(硬接点) | 合 | |
| 事件 | 2013-03-27 13:05:19::039 | 2#变主保护轻瓦斯信号 | 故障 | 故障类型：其他 |
| 变位 | 2013-03-27 13:01:36 | #2主变12000中性点地刀位置 | 合 | |
| 变位 | 2013-03-27 12:59:04 | #2主变102开关控制回路断线 | 合 | |
| 变位 | 2013-03-27 12:59:03 | #2主变502乙开关控制回路断线 | 合 | |
| 变位 | 2013-03-27 12:59:01 | #2主变502甲开关控制回路断线 | 合 | |
| 事件 | 2013-03-27 12:58:56::097 | 2#变低压侧甲后备保护保护投入运行 | 故障 | |
| 变位 | 2013-03-27 12:58:57 | #2主变502甲开关过流保护装置异常 | 分 | |
| 变位 | 2013-03-27 12:58:54 | #2主变502甲开关过流保护装置异常 | 合 | |
| 变位 | 2013-03-27 12:28:05 | 10kV#2电容器517开关弹簧未储能 | 分 | |
| 变位 | 2013-03-27 12:27:57 | 10kV#2电容器517开关弹簧未储能 | 合 | |
| 变位 | 2013-03-27 12:27:57 | 10kV#2电容器517开关控制回路断线 | 分 | |
| 变位 | 2013-03-27 12:27:57 | 10kV#2电容器517开关位置 | 合 | |
| 变位 | 2013-03-27 12:27:57 | 10kV#2电容器517开关控制回路断线 | 合 | |
| 变位 | 2013-03-27 12:02:47 | #2主变502乙开关控制回路断线 | 分 | |
| 变位 | 2013-03-27 11:53:17 | #2主变502乙开关控制回路断线 | 合 | |
| 变位 | 2013-03-27 11:52:23 | #2主变502甲开关控制回路断线 | 分 | |
| 变位 | 2013-03-27 11:51:44 | #2主变502甲开关控制回路断线 | 合 | |
| 操作 | [illegible] | [illegible] | [illegible] | [illegible] |
| 变位 | 2013-03-27 11:46:33 | #2主变102开关控制回路断线 | 分 | |

图 9-1　主变压器保护轻瓦斯信号动作

（3）检修工作人员现场检查 2 号主变压器，发现 2 号主变压器 12 号散热器放气嘴严重漏油，放气嘴密封胶圈已经挤压破裂，断裂成两块，密封胶圈变形痕迹明显，如图 9-2 所示。

图 9-2　胶圈变形痕迹图

（4）按照变压器漏油流量计算，放气嘴漏油应该在一个星期前开始，长时间漏油导致轻瓦斯发信，结合实际油位测量，确认储油柜无变压器油。

（5）在检查中发现储油柜存在很多锈迹，同时无法判断玻璃式主变压器储油柜油位计对运行主变压器是否存在潜在风险，为以防万一，建议结合停电机会，更换储油柜和储油柜油位计。

## 4 故障分析

（1）针对以上现场漏油检查结果，初步分析导致漏油的主要原因为：2 号主变压器散热器放气嘴密封胶圈损坏。

（2）工作人员分析密封胶圈，发现密封胶圈已经老化，无弹性。

（3）查找密封胶圈备品备件清单，询问备品备件负责人，发现密封胶圈管控问题严重：密封胶圈存放10年左右，已有老化痕迹，当受到外力挤压作用时，加速密封胶圈变形，缩短密封胶圈使用寿命。

（4）按照备品备件管理要求，2012年申购的密封胶圈备品备件，故障时仍未落实，班组的清单记录如图9-3所示。

下半年短缺备品

| 名称 | 型号 | 厂家 | 现存数量 | 备注 |
|---|---|---|---|---|
| 闭锁线圈 | H32-F-HS3025/1 220V | KUHNKE | 2 | ABB机构专用 |
| 闭锁线圈 | H32-F-HS3025/1 110V | KUHNKE | 7 | ABB机构专用 |
| 接地闭锁线圈 | 220V | 灵鸽 | 2 | 常州兰陵电器有限公司 型号：KY |
| VD4机构 | 7004590 P0106R/220V | ABB | 2 | ABB机构专用 |
| 储能电机 | 3AH3 | 西门子 | 0 | 东珠江开关有限公司 型号：KYN28 |
| 吸湿器 | 1KG | | 0 | 无该型号备品（厂家同呼吸器 3KG— |
| 滤油器滤芯 | OF100 | MR | 0 | 该型号备品(万江4号、则徐4号、信拢 |
| 滤油器滤芯 | HTC7500 | 实达电力科技有限 | 0 | 滤芯（信拢2号、3号、则徐1号、2号、 |
| 滤油器滤芯 | LTC7500P | 过滤器北京有限 | 0 | 粒子滤芯（万江1号、2号、3号） |
| 滤油器滤芯 | VF-71E | Velcon Systems | 0 | 无该型号备品（景湖1号、2号、3号、 |
| 主变压器胶圈 | $\phi 6$ | | 0 | |
| 主变压器胶圈 | $\phi 8$ | | 0 | |
| 主变压器胶圈 | $\phi 10$ | | 0 | |
| 主变压器胶圈 | $\phi 12$ | | 0 | |

图9-3　申购密封胶圈备品备件清单

## 5　防范措施

为了今后工作顺利开展，以及避免重复发生因备品备件而出现的这类缺陷，应加强备品备件管控。

（1）从长远考虑，定期检查、更新主变压器密封胶圈备品备件清单。

（2）为了确保密封胶圈的密封性，对存放密封胶圈提高要求，建议密封胶圈保存在一个真空室，杜绝胶圈老化和胶圈潮湿。

# 110kV 某变电站 1 号主变压器绕组直流电阻不平衡分析

## 1 设备参数

（1）设备名称：1 号主变压器。

（2）主变压器设备型号：SFSZ-50000/110/6.3。

（3）主变压器出厂日期：1998 年 2 月。

（4）有载分接开关设备型号：NRHⅢ400-120-12193G。

（5）有载分接开关出厂日期：2001 年 4 月。

## 2 设备故障情况

2010 年 1 月 25 日，试验人员在某变电站 1 号主变压器的预防性试验中发现变压器高压绕组直流电阻三相严重不平衡，而其他的试验项目均合格。直流电阻不平衡系数= [ $(R_{max}-R_{min})/R_{ave}$ ] ×100%，不平衡系数>2% 为不合格。在排除了测试线接触不良、仪器故障等原因后，疑是有载开关触头表面的氧化膜造成故障。于是对有载分接开关进行数百次的切换，随后又进行了多次的测量，结果仍不合格，见表 10-1。

表 10-1　有载开关切换前后两组数据三相变化的对比

| 有载分接开关挡位 | A-O 直阻（mΩ） | | | B-O 直阻（mΩ） | | | C-O 直阻（mΩ） | | | 相间差（%） | |
|---|---|---|---|---|---|---|---|---|---|---|---|
| | 切换前 | 切换后 | 变化率 | 切换前 | 切换后 | 变化率 | 切换前 | 切换后 | 变化率 | 切换前 | 切换后 |
| 1 | 486.1 | 477.0 | -1.87% | 463 | 459.5 | -0.76% | 463.6 | 460.9 | -0.58% | 4.905 | 3.736 |
| 2 | 459.9 | 454.4 | -1.20% | 454.2 | 452.5 | -0.37% | 464.4 | 462.6 | -0.39% | 2.651 | 2.212 |
| 3 | 447.3 | 448.1 | 0.18% | 446.7 | 445.3 | -0.31% | 445 | 447.0 | 0.45% | 0.515 | 0.626 |
| 4 | 476 | 465.3 | -2.25% | 440 | 440.3 | 0.07% | 447 | 445.9 | -0.25% | 7.720 | 5.549 |
| 5 | 472.8 | 459.8 | -2.75% | 431 | 431.8 | 0.19% | 437.3 | 445.9 | 1.97% | 8.853 | 6.258 |
| 6 | 453.6 | 445.8 | -1.72% | 426.1 | 424.1 | -0.47% | 439 | 432.7 | -1.44% | 6.2278 | 4.997 |
| 7 | 437.9 | 420.8 | -3.91% | 417.6 | 416.9 | -0.17% | 425.2 | 417.9 | -1.72% | 4.755 | 0.931 |

续表

| 有载分接开关挡位 | A-O 直阻（mΩ） | | | B-O 直阻（mΩ） | | | C-O 直阻（mΩ） | | | 相间差（%） | |
|---|---|---|---|---|---|---|---|---|---|---|---|
| | 切换前 | 切换后 | 变化率 | 切换前 | 切换后 | 变化率 | 切换前 | 切换后 | 变化率 | 切换前 | 切换后 |
| 8 | 426.4 | 409.3 | -4.01% | 412.7 | 410.9 | -0.44% | 410.3 | 409.9 | -0.10% | 3.889 | 0.243 |
| 9 | 422 | 426.2 | 1.00% | 403.9 | 402.7 | -0.30% | 413.5 | 402.2 | -2.73% | 4.381 | 5.848 |
| 10 | 464.7 | 407.6 | -12.29% | 398 | 397.3 | -0.18% | 399 | 398.7 | -0.08% | 10 | 2.567 |
| 11 | 424 | 416.2 | -1.84% | 390.1 | 389.2 | -0.23% | 396.3 | 388.2 | -2.04% | 8.403 | 7.037 |
| 12 | 408.4 | 392.8 | -3.82% | 396.4 | 395.3 | -0.28% | 414.1 | 407.5 | -1.59% | 4.332 | 3.688 |
| 13 | 442 | 386.6 | -12.53% | 390.6 | 387.7 | -0.74% | 399 | 388.9 | -2.53% | >10 | 0.593 |
| 14 | 445.8 | 410.2 | -7.99% | 384.7 | 382.7 | -0.52% | 391.5 | 381.7 | -2.50% | >10 | 7.254 |
| 15 | 412.2 | 402.3 | -2.40% | 375.8 | 373.5 | -0.61% | 378.5 | 374.7 | -1.00% | 9.486 | 7.509 |
| 16 | 387.1 | 372.3 | -3.82% | 368.4 | 366.0 | -0.65% | 379.5 | 368.9 | -2.79% | 5.046 | 1.895 |
| 17 | 377.9 | 361.2 | -4.42% | 360.7 | 359.1 | -0.44% | 370 | 372.8 | 0.76% | 4.68 | 3.759 |

该主变压器于 2003 年 4 月 9 日投入运行，在 2002、2004 年及 2007 年进行的主变压器试验均合格，且每次的绕组直流电阻测试数据都非常好，最大不平衡率为 0.76%。有载开关在本次试验时的动作次数还未达到 2000 次。

对测试数据进行分析主要有以下几点：

（1）高压绕组直流电阻三相不平衡率严重超标，个别挡位甚至超过 10%，其他试验项目（包括变压器本体及有载开关油的试验）均合格。

（2）和以前预防性试验数据比较阻值有明显变化，完全没有规律，如图 10-1 所示。以 A 相 1～6 挡为例，2007 年预试时为有规律的直线，而 2010 年预试时则为不规则的曲线。

（3）A、C 两相测量的阻值变化最大，是造成三相不平衡最主要的因素，从图 10-2 可说明缺陷相主要在 A、C 相。

（4）在有载分接开关 1～17 挡反复切换测量过程中，90% 的挡位每次测量值变化很大，反映出接触极不稳定，说明缺陷来自于有载分接开关的可能性很大。

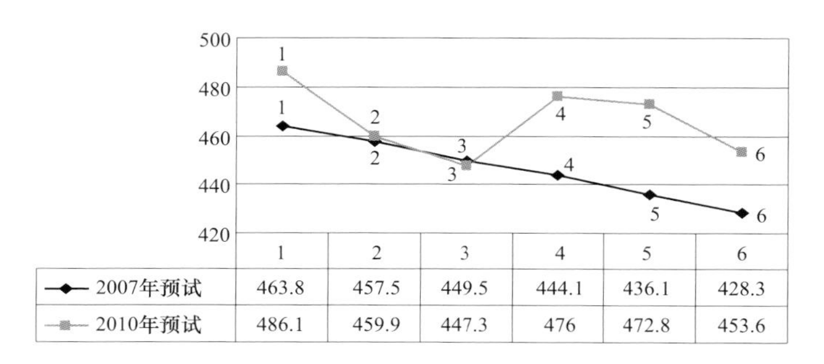

| | 1 | 2 | 3 | 4 | 5 | 6 |
|---|---|---|---|---|---|---|
| 2007年预试 | 463.8 | 457.5 | 449.5 | 444.1 | 436.1 | 428.3 |
| 2010年预试 | 486.1 | 459.9 | 447.3 | 476 | 472.8 | 453.6 |

图 10-1　两次预试数据对比（以 A 相 1~6 挡为例）

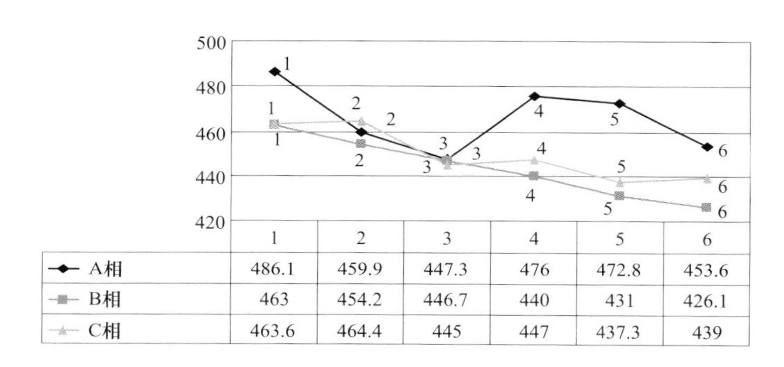

| | 1 | 2 | 3 | 4 | 5 | 6 |
|---|---|---|---|---|---|---|
| A相 | 486.1 | 459.9 | 447.3 | 476 | 472.8 | 453.6 |
| B相 | 463 | 454.2 | 446.7 | 440 | 431 | 426.1 |
| C相 | 463.6 | 464.4 | 445 | 447 | 437.3 | 439 |

图 10-2　2010 年预试三相 1~6 挡数据对比

（5）断路器切换数百次后数据虽有些许转好，但结果仍严重超标，最大不平衡率达 7.5%，基本可排除有载分接开关油膜的影响。

（6）运行挡（第 3 挡）的阻值很稳定，三相不平衡率均小于 1%，且与历次阻值相比无变化。

通过以上分析，可以断定造成直流电阻不平衡的原因是有载分接开关切换部位接触不良，与绕组及固定导体无关。由于该变压器有载分接开关设计成筒式结构，由能承受真空的圆筒形油室把断路器油与变压器油隔离开来，其切换部位有两个，一个是位于圆筒形有载开关油室内的分接开关，另一个则是位于变压器本体的切换断路器（俗称 K 点，它只在第 9 挡才切换）。检查切换断路器需对主变压器进行排油并由人孔进入，而检查有载分接开关只需吊出有载分接开关即可，且由前分析可知，在切换断路器未动作时，测试数据同样不稳定，因此故障点应在有载分接开关处，遂决定先吊出有载分接开关进行检查。

## 3 故障处理

经与厂家联系，2月2日，3名厂家人员与检修人员第一次到110kV某变电站处理1号主变压器缺陷。检修人员先将1号主变压器有载分接开关吊出，检查发现，有载分接开关动触头有明显烧伤痕迹，部分金属镀银脱落，其中A相的磨损及灼伤最为严重，C相次之，B相较轻。

图10-3为有载分接开关动触头的检查。

图10-3　有载分接开关动触头检查

对有载分接开关触头进行清洗处理，测量动触头直径和过渡电阻均合格，动触头后的支撑弹簧压力无法量化测量，用手进行简单的压力测试未发现异常。而后对每相动触头的可动触点进行接触电阻测量时发现其电阻也是不稳定的，且远大于厂家要求的 1mΩ 标准。

检修人员一致认为这应该就是缺陷部位。由于厂家没有备件更换，只对动触头的触指表面进行了细致的清洗，还紧固调整了连接线螺栓、触指弹簧等。安装好有载分接开关后进行直流电阻测试，试验结果依然不合格。简单的清洗和紧固并没有达不到理想的处理效果。为了彻底地消除缺陷隐患，检修人员与厂家再次研究决定，重新购买进口的 A、B、C 三相触头部件以作更换。

因触头经香港过关时出现问题，触头部件不能按时送到该变电站，更换工作迟迟不能进行。直至 3 月 3 日，触头更换工作方能进行。经过检修人员和厂家密切配合、共同努力，顺利将 1 号主变压器有载调压动触头全部更换，如图 10-4~图 10-6 所示。更换后测量动触头可动触点的接触电阻均符合厂家要求，恢复后测量高压绕组所有挡位的直流电阻均合格，三相不平衡率小于 1%，见表 10-2，图 10-7 为测量动触头可动触点的接触电阻图。1 号主变压器可恢复投运。

图 10-4　拆下的旧触头

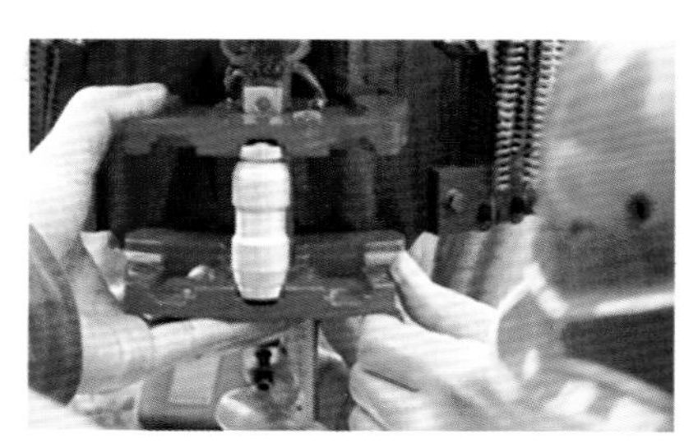

图 10-5　厂家在更换中性点触指

图 10-6　更换后的触头

图 10-7　测量动触头可动触点的接触电阻图

表 10-2 更换触头后的直流电阻值 mΩ

| 分接 | A-O | B-O | C-O | 相间差（%） |
|---|---|---|---|---|
| 1 | 469.3 | 469.7 | 469.8 | 0.11 |
| 2 | 464.1 | 463.4 | 462.3 | 0.39 |
| 3 | 455.1 | 455.7 | 455.3 | 0.13 |
| 4 | 447.8 | 449.5 | 448.3 | 0.38 |
| 5 | 441.6 | 442.0 | 440.8 | 0.27 |
| 6 | 434.0 | 434.1 | 433.8 | 0.07 |
| 7 | 425.2 | 426.7 | 426.1 | 0.35 |
| 8 | 419.8 | 420.2 | 419.1 | 0.26 |
| 9 | 411.0 | 412.5 | 411.4 | 0.36 |
| 10 | 404.7 | 406.1 | 405.0 | 0.35 |
| 11 | 396.3 | 397.3 | 396.0 | 0.33 |
| 12 | 404.0 | 404.1 | 402.3 | 0.45 |
| 13 | 395.1 | 397.4 | 395.2 | 0.58 |
| 14 | 388.5 | 390.5 | 388.2 | 0.59 |
| 15 | 380.7 | 382.8 | 380.8 | 0.55 |
| 16 | 373.3 | 374.7 | 373.1 | 0.43 |
| 17 | 365.8 | 367.6 | 366.0 | 0.49 |

## 4 故障分析

从以上处理情况分析，导致缺陷的原因可能有以下几点：

（1）动触头的设计不合理，造成接触不良导致发热；

（2）动触指的导电转轴和镀银层的材料或制造工艺不过关，容易磨损；

（3）动触指上的引弧设计不合理，导致断路器切换过程中电弧严重灼伤接触面；

（4）固定在触指后面的支撑弹簧受力不均或压力不够，影响了动静触头的接触。

为进一步查明原因，检修人员对更换下的动触头进行了解剖，发现固定支架、固定轴和中间轴是固定不动的，而动触头和中间轴间存在虚位，使动触头可以转动，因此动静触头的接触面以及动触头和中间轴的接触面并不固定。动静触头接触时，弹簧使动静触头接触更加紧密，电流由动触头到中间轴再到固定支架，固定轴没有导流作用，只起到固定中间轴的作用。在检查中同时发现中间轴的接触面有氧化膜和油膜，并有发热及烧伤痕迹。因此可以得出造成动触头接触不良导致发热及烧伤的原因有两个：

（1）由于动触头与中间轴间存在虚位，其接触为圆弧接触，接触面较小，且接触面容易生成氧化膜和油膜。当弹簧压紧动静触头时，接触面较小，流过大电流时会导致发热，图 10-8 为有载分接开关动触头的解剖图。

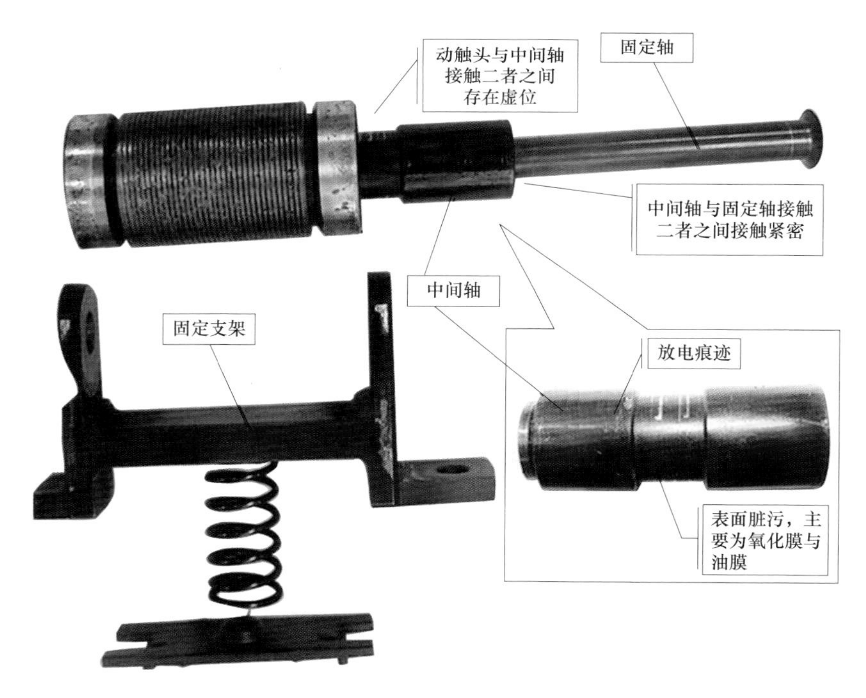


图 10-8　有载分接开关动触头的解剖图

（2）有载分接开关动触头质量不良，随着断路器动作次数的日益增长而不断磨损，部分金属镀银脱落。

## 5 同类型设备情况

目前该型号变压器只有某站1号、2号、3号变压器3台，都采用某厂的有载分接开关。2号变压器和3号变压器的出厂日期分别为1998年2月和2001年9月，分别运行了15年和12年，暂时没有发现此类设备故障缺陷。

## 6 防范措施

（1）对该型号有载分接开关进行统计，一方面加强运行巡视，另一方面加强预防性试验时的试验数据分析；

（2）组织变压器有载分接开关相关培训，使人员熟悉和掌握有载分接开关内部结构和原理；

（3）按要求对到期大修的有载分接开关进行大修，并准备好相关的备品备件，做到设备发生缺陷时能够及时处理；

（4）建议厂家对该类型有载分接开关进行相应的改进，避免此类缺陷再次发生。

# 第2部分

# 110kV 及以上互感器类设备典型缺陷

# 1 220kV 某变电站 110kV 进中甲线 123 电流互感器 A 相气压低缺陷分析

## 1 设备参数

（1）设备名称：110kV 进中甲线 123 电流互感器 A 相。

（2）设备类别：电流互感器类。

（3）设备型号：SAS123。

（4）设备参数：额定电压 126kV；额定峰值耐受电流 125kA；$SF_6$ 额定气压 0.39MPa；报警气压 0.35MPa；变比 600/1。

（5）出厂日期：2004 年 8 月。

（6）投运日期：2005 年 12 月 29 日。

## 2 设备故障情况

### 2.1 设备故障经过

2012 年 5 月 30 日，运行人员发现 220kV 某变电站 110kV 进中甲线 123 电流互感器 A 相 $SF_6$ 气压表指示异常，指针指示满表。

2012 年 8 月 9 日，检修人员到达该站对 123 电流互感器 A 相 $SF_6$ 气压表进行更换。在拆卸 A 相 $SF_6$ 气压表底座螺母时，电流互感器底部的逆止阀门突然破裂弹出，电流互感器内部 $SF_6$ 气体全部流出。由于该间隔已经停电，并未造成事故进一步扩大。

### 2.2 设备检查情况

随后，检修人员对漏气处断裂位置进行了检查，检查发现逆止阀底座铝质连接处已经完全破裂，周边铝质底座已经严重腐蚀，同时发现上部螺纹位置涂有厌氧胶，如图 1-1、图 1-2 所示。

图 1-1　逆止阀上部螺纹残留的厌氧胶

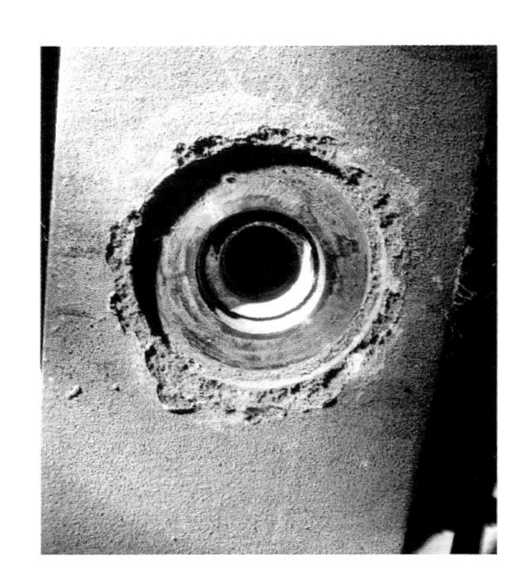

图 1-2　逆止阀处腐蚀严重

## 3 故障处理

在 110kV 进中甲线 123 电流互感器 A 相 $SF_6$ 气压表逆止阀破裂损坏后，检修人员迅速联系上级部门进行相关协调，找到型号、规格相同的备件，并立即运往检修现场。在运行人员、试验班人员和司机班人员的积极配合下，检修工作人员于 8 月 10 日凌晨 1 时 15 分，成功将新的 $SF_6$ 电流互感器安装上，如图 1-3 所示。同时，对 123 电流互感器的 B、C 相相同位置进行了检查，确保设备健康良好地投入运行。

图 1-3　成功安装新的 $SF_6$ 电流互感器

## 4　故障分析

对于电流互感器底部逆止阀门突然破裂的原因，可能有以下几点：

（1）逆止阀上部螺纹处涂有厌氧胶，使 $SF_6$ 气压表螺母与逆止阀上部螺牙紧紧咬合在一起，使用扳手拆卸时，部分输出力间接作用在逆止阀底座处，是逆止阀破裂的破坏力来源。

（2）逆止阀材料为铸铝，较脆；且逆止阀与电流互感器连接较薄弱，导致逆止阀抗扭曲能力差，受力情况下易断裂。

（3）该站处于酸雨重灾区，对金属腐蚀影响大，现场发现进中甲线 123 电流互感器 A 相逆止阀处腐蚀严重，直接降低了逆止阀的机械强度。

（4）检修人员在拆卸 $SF_6$ 气压表时，一只手用扳手卡紧逆止阀上部的螺母，另一只手拧 $SF_6$ 气压表下部的大螺母，如图 1-4 所示，在这个过程中产生很大的力矩，逆止阀金属疲劳出现裂纹，并在电流互感器内部的强压下弹出，导致逆止阀破裂。

图 1-4　$SF_6$ 气压表拆卸示意图

## 5　同类型设备情况

目前在运行的该厂家生产的 110kV 同类型电流互感器有 489 台，暂未出现同类型缺陷。

## 6　防范措施

（1）运行方面。对该型号电流互感器进行针对性巡视。对电流互感器密度继电器底座及温度补偿探针进行周期性检查，检查项目包括腐蚀情况外观检查、气压记录、红外线测温成像，进行相关数据采集，若出现问题应立即汇报上级部门。

（2）检修方面。针对该型号电流互感器缺陷情况，检修部门应立即组织技术培训。确保生产班组掌握该类型电流互感器的运行原理，熟练掌握密度继电器的正确更换方法，避免在更换 $SF_6$ 密度继电器时出现逆止阀破裂情况。同时要具备一定的密度继电器故障分析判断能力。

针对这种情况，建议检修人员在技术协议制定、出厂监造、中间验收或技改新建工程验收环节，对同类型电流互感器缺陷位置的机械强度、材料防腐提出规范要求，采取必要的防腐措施，如加装防雨罩和防腐涂料等。

及时掌握班组管辖变电站所有同类型电流互感器的运行情况。建立设备健康档案，完善设备运行维护记录，结合停电，对缺陷部位进行检查，避免同类缺陷的发生。

# 2 220kV 某变电站 222 电压互感器 A 相介质损耗因数超标分析

## 1 设备参数

（1）设备名称：222 电压互感器 A 相。

（2）设备型号：电压抽取装置-220/$\sqrt{3}$-0.01H。

（3）出厂日期：2005 年 7 月。

## 2 设备故障情况

### 2.1 设备故障经过

2012 年 11 月 11 日，试验人员在对 220kV 某变电站 222 电压互感器进行预防性试验时发现 A 相下节 C12 元件介质损耗值为 0.414%，超出 Q/CSG 114002—2011《电力设备预防性试验规程》的要求。介质损耗试验是检验一次设备内部绝缘材料运行状态最直接、最有效的方法，在排除仪器测量误差等外部因素的影响后，通过介质损耗试验结果可以初步判断 220kV 222 电压互感器 A 相下节 C12 元件内部绝缘存在缺陷，不能继续运行。

### 2.2 设备检查情况

工作人员现场对 222 电压互感器进行检查，在后台发现 A 相电压互感器二次运行电压比 B、C 两相的偏高，初步判断电压互感器内部已出现故障，必须对其进行解体分析。

### 2.3 设备试验情况

解体后可以通过电容介损测试，并对比预防性试验和出厂试验的电容介损数据，找到电压元件击穿的电容器单元。如果运行电压偏低，则击穿故障发生在 C2；如果运行电压偏高，则击穿故障发生在 C1。

下节瓷套的电容共有 110 片元件，其中 C1 有 76 片，C2 有 34 片。正常情况下，单片元件的电容量约为 2.15μF。试验人员对 110 片元件逐一测量，如图 2-1 所示，发现 C1 第 30 片元件的电容值为 0.988μF，详见图 2-2，这很可能是导致介质损耗偏大的原因，不过仍需进一步检查。

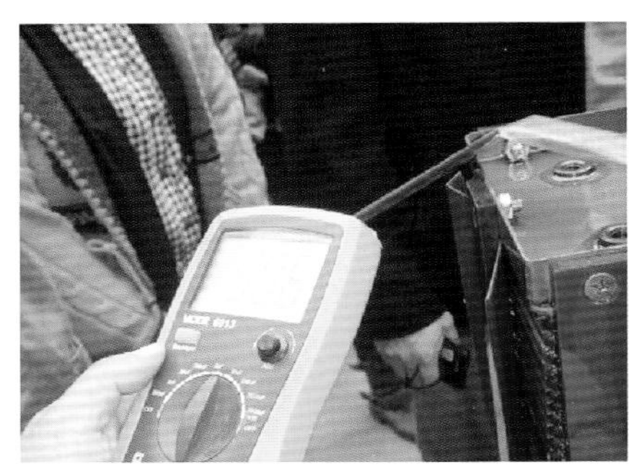

图 2-1　试验人员对电容量进行测量

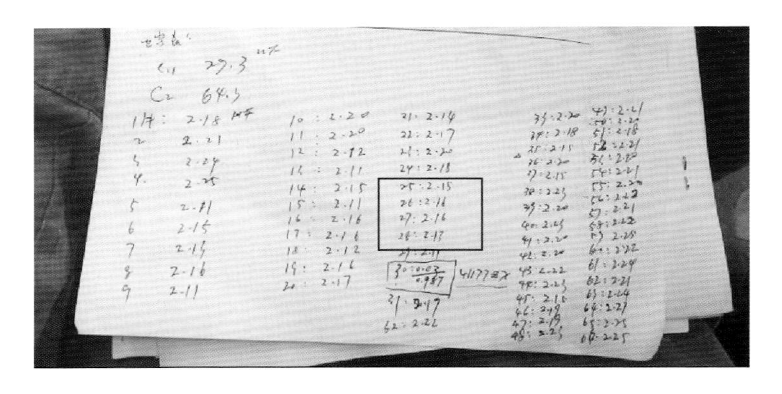


图 2-2　试验人员记录的测量值

C1 第 30 片元件的电容值比出厂时约少 1.16μF，试验时总电容误差为 1.46%，试验值与测量值基本一致，因此判断 C1 第 30 片元件可能被击穿。

## 3 故障处理

2012 年 12 月 13 日，对该变电站 220kV 222 电压互感器进行了更换，检修人员对更换后的电压互感器进行验收并试验，试验结果合格，设备当天正常投入运行。

## 4 故障分析

分压电容器有一个电容元件击穿，击穿点位于元件铝箔边缘处。铝箔边缘部位的电场分布较不均匀，相关技术人员分析认为可能在制造过程中出现下列情况：① 引箔片分切成长方形时边缘出现毛刺，没有进行处理或处理不到位；② 引箔片用铝箔在电容元件卷绕过程中插入箔片时，操作不符合工艺要求，引箔片尖角刺伤薄膜；③ 膜与铝箔在叠加过程中可能有杂质或气泡；④ 电容元件因绝缘材料老化，导致运行中击穿。制造过程中出现上述情况之一将使电容器元件存在绝缘薄弱点击穿导致放电，出现介质击穿现象。

## 5 防范措施

（1）运行方面。运行人员对运行中的电压抽取装置二次电压，即使仅有轻微变化，都应引起高度注意，加强电压监视，完善运行记录，及时上报发现缺陷。

（2）检修方面。检修人员在设备制造、中间验收等环节应严格执行设备品控规范，要求设备制造厂加强质量管理，在制造工艺中应有针对性的制定有关措施，把好产品的质量关。

（3）试验方面。试验人员停电试验时应对电容元件电容量的测量值与历史数据和不同相间电容量进行比较。若电容量变化较大，就可判明电容元件有击穿或受潮的可能，即使低于 Q/CSG 114002—2011《电力设备预防性试验规程》规定的5%，也应立即退出运行，以防部分良好的串联电容元件因承受过高的电压而引起爆炸事故。

# 3 110kV 某变电站 110kV 西广线线路 A 相电压抽取装置缺陷分析

## 1 设备参数

（1）设备名称：110kV 西广线线路 A 相电压抽取装置。

（2）设备类别：电压抽取装置。

（3）设备型号：电压抽取装置 $110/\sqrt{3}$-0.01H。

（4）出厂日期：1994 年 1 月。

## 2 设备故障情况

### 2.1 设备故障经过

2012 年 8 月 22 日 15：13，气温 33℃，湿度 70%，晴，工作人员在 110kV 某变电站红外线测温过程中，利用日本 TVS-700P 型红外成像仪发现运行状态的 110kV 西广线线路 A 相电压抽取装置油箱箱体温度过高，最高温度达 58℃，相对温差达 100%。根据带电设备红外诊断应用规范标准，该相电压抽取装置油箱温度已超出相关要求，同时，检查其二次电压输出异常，为 7.3V（正常为 59V），鉴于以上情况，必须立即将该设备停运，进行进一步的检查和分析。A 相电压抽取装置油箱测温图谱如图 3-1 所示。

| 目标参数 | 数值 |
|---|---|
| 辐射系数 | 0.90 |
| 环境温度 | 33℃ |
| 最高温度 | 58℃ |
| 对比温度 | 33℃ |
| 相对温差 | 100% |
| 负荷电流 | 4A |

图 3-1 A 相电压抽取装置油箱测温图谱

### 2.2 设备检查情况

现场检查 110kV 西广线线路 A 相电压抽取装置，外观完好，无漏油、绝缘子破裂或电灼伤的表象。

### 2.3 设备试验情况

最近一次停电预试日期为 2009 年 9 月 4 日，气温 22℃，湿度 65%，晴。工作人员利用 AI6000C 型介质损耗测试仪对西广线线路 A 相电压抽取装置进行测试，结果见表 3-1 和表 3-2。

表 3-1　　A 相电压抽取装置绝缘测试结果

| 项　目 | 绝　缘 | | | | | |
|---|---|---|---|---|---|---|
| 测量单位 | C11 | C12 | C13 | C14 | C2 | 低压端对地 |
| 测量结果（MΩ） | 20 000 | — | — | — | — | 20 000 |
| 备注 | | | | | | |

根据 Q/CSG 114002—2011《电力设备预防性试验规程》规定，低压端对地绝缘电阻测试一般不低于 100MΩ，因此该项试验合格。

表 3-2　　A 相介质损耗测试结果

| 项目 | 介损及电容 | | | | | |
|---|---|---|---|---|---|---|
| 相别 | 位置 | 铭牌电容（pF） | 套管电容 $C_x$（pF） | $\tan\delta$（%） | 电容相差（%） | 接线方法 |
| A 相 | C1 | | | 0.086 | | 自激法（√），反接法（） |
| | C2 | | | 0.083 | | 自激法（√），反接法（） |
| | C | | | / | | / |
| 备注 | | | | | | |

根据 Q/CSG 114002—2011《电力设备预防性试验规程》规定，油纸绝缘电压抽取装置的电容分压器的介质损耗测试要求小于 0.5%，C1、C2 介质损耗均合格。

通过试验证明该设备在故障前应是正常运行的。

## 3 故障处理情况

检修人员于 2012 年 8 月 23 日 00：20 将缺陷电压抽取装置进行更换，

更换后型号为：电压抽取装置 $110/\sqrt{3}$-0.01H。经值班员验收合格，110kV 西广线线路 A 相电压抽取装置可以投入运行。

## 4 故障分析

### 4.1 故障原理分析

相关技术人员根据红外测温图谱及二次电压输出数据，对缺陷进行初步判断分析，110kV 某变电站 110kV 西广线线路电压抽取装置油箱本体缺陷，可能是由于电压抽取装置电磁单元部分内部元件故障导致的。中间变压器低压绕组发生匝间短路、阻尼器存在故障或绝缘部分劣化，造成高电位对低电位放电，导致运行中油箱绝缘油发热。设备油箱本体内部电磁单元的原理图如图 3-2 所示。

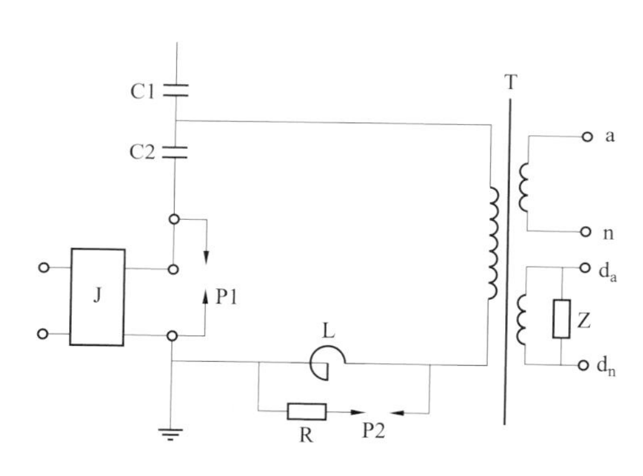


| 各元件名称 | |
|---|---|
| C1 | 高压电容器 |
| C2 | 中压电容器 |
| J | 结合滤波器 |
| T | 中间变压器 |
| L | 补偿电抗器 |
| R | 保护电阻 |
| Z | 阻尼器 |
| P1、P2 | 保护间隙 |

图 3-2 设备油箱本体内部电磁单元的原理图

其中阻尼器原理图如图 3-3 所示。

阻尼器是由阻尼电抗 L 和阻尼电容 C 并联，然后再与阻尼电阻器 R 串联构成的。电感 L 和电容 C 在工频下处于并联谐振，电压抽取装置正常工作时，R 上只有很少的电流通过，能耗低，对准确度影响小。当有分谐波出现时，L、C 的谐振状态被破坏，R 上通过大电流，从而起阻尼作用。

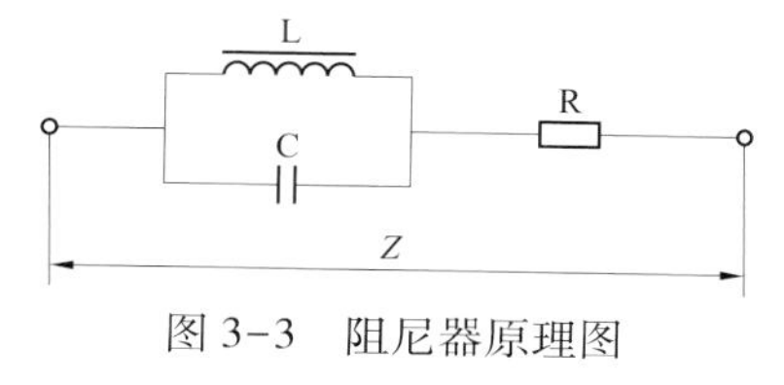


图 3-3 阻尼器原理图

根据初步判断分析，造成缺陷的可能原因如下：

（1）电压抽取装置电磁单元阻尼器部分存在故障。阻尼电容器 C 发生击穿，导致 R 上长时间通过大电流引起发热；阻尼器 Z 的接线端松脱，形成放电间隙，在运行时产生放电现象，导致油温升高。

（2）分压电容器 C2 发生击穿导致二次电压输出异常（实测 7.3V，正常为 59V）。电容元件发生击穿的原因有两种可能，一是电容元件内部存在局部缺陷，因长期局部放电导致击穿；二是因绝缘材料老化，导致运行中发生击穿。

（3）中间变压器低压绕组发生匝间短路。若变压器绕组间因电磁单元受潮或绝缘老化而在运行电压作用下发生短路，必然会造成放电发热，导致油温升高。另外，根据变压器变比式：$k=U_1/U_2=N_1/N_2$，当二次绕组匝间发生短路时，相当于 $N_2$ 变小，在一次电压和一次绕组正常的情况下，从而引起二次电压 $U_2$ 降低。

**4.2 解体前试验分析**

解体前由高压试验班工作人员对电压抽取装置进行试验，试验项目及相关数据见表 3-3、表 3-4。

**表 3-3 绝缘电阻**

| 绝缘（MΩ） | | | | | |
|---|---|---|---|---|---|
| C11 | C12 | C13 | C14 | C2 | 低压端对地 |
| 100 000 | — | — | — | 1000 | 1000 |
| 备注 | | | | | |

**表 3-4 介损试验**

| 项目 | 介损及电容 | | | | | |
|---|---|---|---|---|---|---|
| 相别 | 位置 | 铭牌电容（pF） | 套管电容 $C_x$（pF） | tanδ（%） | 电容相差（%） | 接线方法 |
| | C1 | | 8814 | 0.098 | 0.474 | 自激法（），正接法（√） |
| | C2 | | 33 430 | 0.104 | 0.387 | 自激法（），正接法（√） |
| | C | 6940 | 6975 | / | 0.504 | / |
| 备注 | C1——测量电压 10kV；C2——测量电压 2.5kV（高压线接 A 点）。<br>仪器：AL-6000D 型介质损耗测试仪<br>结果：合格 | | | | | |

以上试验数据表明，A 相电压抽取装置的低压端对地绝缘电阻为 1000MΩ，符合不低于 100MΩ 的标准，但从 2009 年的 20 000MΩ 降低到 1000MΩ，下降明显。

C1、C2 介质损耗分别为 0.474% 和 0.387%，符合油纸绝缘电压抽取装置的电容分压器的介质损耗测试要求小于 0.5% 的标准，但与 2009 年测试的 0.086% 和 0.083% 相比，已经有明显的上升。

### 4.3 现场解体检查

为彻底查清问题根源，2012 年 12 月 26 日 9 时，工作人员及厂家技术人员对该电压抽取装置进行了解体检查。

吊开电容单元，油色、气味无异常，内部元件无烧伤损坏痕迹。露出电压抽取装置的电磁单元部分，现场可以闻到刺鼻的油气味，油箱中的油已经失去其应有的淡黄色，而呈混浊的黑褐色，并泛起泡沫，如图 3-4 所示。

抽干油箱中的绝缘油，发现补偿电抗器并联的保护电阻已明显烧焦。电磁单元各元件上漂浮着烧焦呈胶质的碳状物，二次线外绝缘已呈老化状态，油箱内壁布满黏稠性黄褐色油污，密封胶圈已明显老化。可明显看见，由于电压抽取装置在高温状态下运行，电磁单元内部已受到高温损伤，如图 3-5 所示。

图 3-4 油箱中油呈黑色并起泡沫

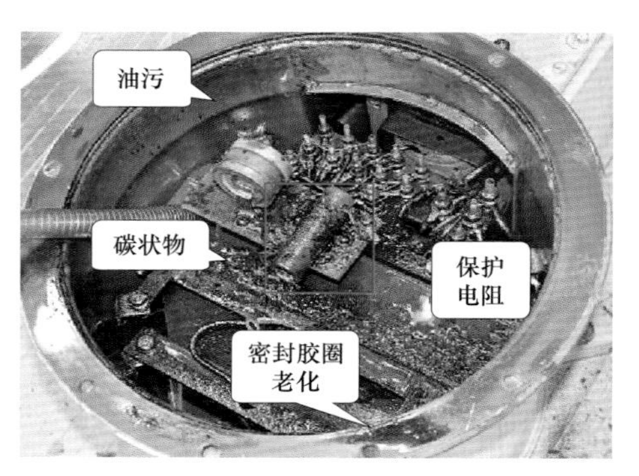


图 3-5 电磁单元内部高温损伤

取出中间变压器及接线端子排部分，对中间变压器进行进一步拆解检查，铁芯表面除覆盖黑褐色胶状物外，其他并无异常。

取出一、二次绕组部分进行拆解，一次绕组无明显异常，二次绕组外层绝缘纸已脆弱变质，撕开最外层绝缘纸后发现二次绕组的绝缘纸已大部分呈烧黑碳化状，线圈已严重烧毁，如图 3-6 所示。

图 3-6　二次绕组绝缘纸烧黑碳化、线圈烧毁

因此，通过检查可以断定，缺陷发生的原因为电压抽取装置电磁单元的中间变压器二次绕组发生匝间短路，导致放电发热，使绝缘油温度上升。另外，因二次绕组匝间发生短路，相当于二次绕组圈数 $N_2$ 减少，导致二次输出电压降低。

若电压抽取装置中间变压器一次或二次绕组微小的匝间短路不能及时发现，将导致绕组匝间短路故障进一步加剧，油箱绝缘油温度不断上升，从而使绝缘油在高温下裂解，产生的大量气体有可能引起油箱爆炸。若在高温下电压抽取装置继续运行，内部主绝缘将逐渐损坏，耐受电压不断降低容易造成高压绕组击穿放电，导致电磁单元的其他元件形成短路或烧毁，最终绝缘烧毁，后果将不堪设想。

## 5　同类型设备情况

目前，与缺陷设备同类型的电压抽取装置共有 95 个，无发生缺陷历史，但部分存在运行年份达 20 年的情况，应对这些设备加强巡视及监控。

## 6　防范措施

（1）运行过程中需要严格按照红外测温导则对电压抽取装置进行定期

监控，尤其是运行年限已久的设备，并定期做好红外成像测温巡视和记录。运行人员对运行中的电压抽取装置二次电压，即使有微小的变化，都应引起高度注意。

（2）建议国内厂家应结合现场的实际情况进行设计，方便现场试验的开展，以便及时对电压抽取装置各部件的健康状况进行监控。

（3）建议厂家应提高电压抽取装置内各部件的质量把关，重视内部受潮防护，加强电气连接部分的绝缘强度，在工艺上进行严格控制。

（4）按照规程或厂家说明书，以及电压抽取装置运行情况，制订详细的预防性试验计划、检修计划，通过预防性试验对电容值、介质损耗进行监控，定期对电压抽取装置电磁单元中的油进行检查分析。

# 第3部分

## 其他类型设备典型缺陷

# 1 220kV 某变电站 10kV 52 乙电压互感器接地故障抢修情况

## 1 设备参数

（1）电压互感器参数：

1）设备型号：JDZX11-10C。

2）生产日期：2008 年 8 月。

3）投运日期：2009 年 11 月 26 日。

（2）避雷器参数：

1）设备型号：HY5WZ-17/45。

2）生产日期：2008 年 5 月。

3）投运日期：2009 年 11 月 26 日。

## 2 设备故障情况

故障前该 220kV 某变电站 10kV 开关柜运行方式：10kV Ⅰ段母线挂 1 号主变压器运行，10kV Ⅱ甲、Ⅱ乙段母线挂 2 号主变压器运行，10kV Ⅲ段母线挂 3 号主变压器运行，母联 500、550 断路器在热备用状态。

2013 年 3 月 20 日，在对 220kV 某变电站风灾抢修过程中，发现 10kV 高压室冒烟，从烟雾冒出位置判断为 10kV Ⅱ甲、Ⅱ乙开关柜高压室快速母线保护动作，跳开 502 乙断路器。进入高压室后发现 52 乙电压互感器开关柜手车室压力释放装置动作，从开关柜后侧观察窗看见手车室后柜板有 3 处烧黑痕迹，如图 1-1 所示，其他 10kV Ⅱ甲、Ⅱ乙开关柜目测正常。待 52 乙电压互感器间隔转检修后对该间隔进行全面检查，结果如下：

（1）52 乙电压互感器外表被熏黑，外壳无裂纹及破损，如图 1-2 所示；

（2）52 乙电压互感器避雷器 A 相表面被熏黑，外表有破损，其他两相表面被熏黑，但由于三相避雷器导电杆被烧融，故不能继续使用，如图 1-2 所示；

（3）52 乙电压互感器手车导电臂表面被熏黑，外表无破损，52 乙电压互感器手车导电臂与避雷器连接铜牌烧断及变形，三相电压互感器熔断器损坏，如图 1-3 所示；

（4）52 乙电压互感器开关柜动、静触头被熏黑，但无烧损，如图 1-4、图 1-5 所示；

（5）开关柜静触头挡板、传动连杆及静触头绝缘筒被熏黑，但无损坏；

（6）52 乙电压互感器开关柜母线室内母线及支持绝缘子无损坏及熏黑，只有小量粉尘，如图 1-6 所示。

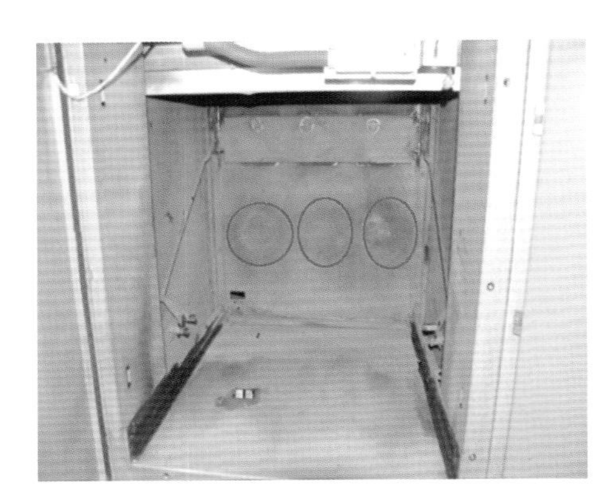

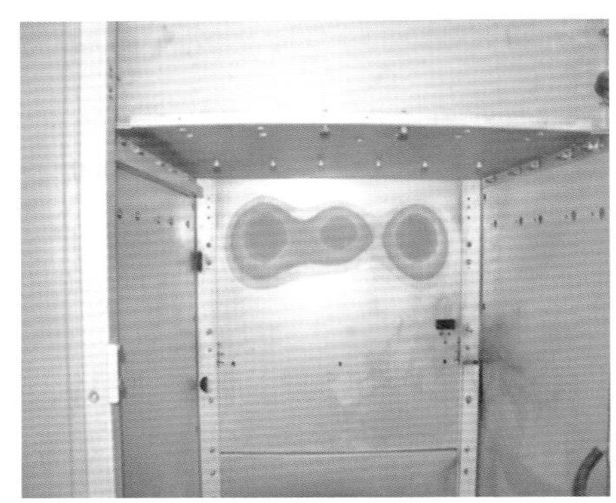

图 1-1　开关室前后柜板放电点位置一致

图 1-2　避雷器及电压互感器

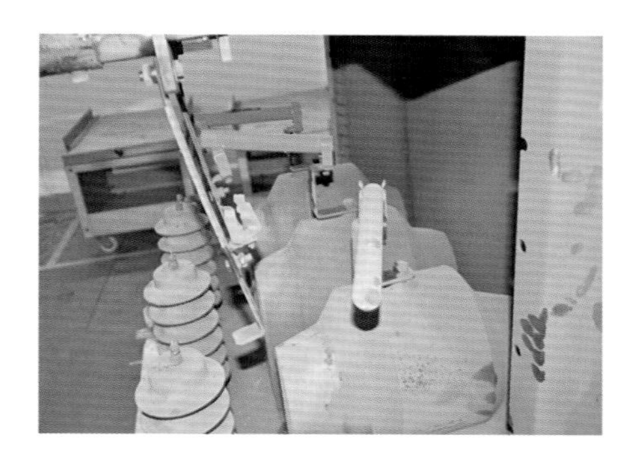

图 1-3　连接铜排及熔断器图

图 1-4　动触头

图 1-5　静触头

图 1-6　母线室

## 3 故障处理

（1）将 52 乙电压互感器手车拉出，为配合其他抢修工作，需要先将Ⅱ乙母线送电，该手车未投入运行，待修复。

（2）对 52 乙开关柜进行清洁并对 52 乙开关柜压力释放装置进行修复，完成后将 10kV Ⅱ乙母线送电。

## 4 故障分析

从现场对设备检查情况及保护装置信息推断，52 乙电压互感器由于过电压运行，造成 52 乙电压互感器 C 相避雷器上接头对柜板放电，电弧热量产生烟雾及金属粉末，造成手车室内绝缘下降，引起其他两相避雷器接头对柜板放电及相间放电，52 乙电压互感器过电压运行是本次故障的主要原因。

## 5 同类型设备情况

该变电站同类型的电压互感器手车还有 51、52 甲和 53 电压互感器，自投产以来，未出现过异常故障。在某供电局其他站也有这种类型的电压互感器手车在产期运行，根据它们的运行情况，也未见有规律性的短路故障，本次缺陷属于偶发性缺陷。

## 6 防范措施

为避免由于绝缘距离不足而引起的短路故障，可结合 10kV 开关柜停电维护的机会，对某站的电压互感器手车进行专项检查，重点查看手车导电部位对外壳的绝缘距离是否满足 125mm 的要求，如有不满足的，立即进行整改。

# 2 220kV 某变电站 7 号电容器 528 断路器缺陷分析

## 1 设备参数

（1）开关柜型号：ZN28-10Q。

（2）操动机构型号：CT19-II。

（3）出厂日期：2002 年 7 月。

（4）断路器动作次数为：599 次观察此计数器已失效不能正常动作，可以以 8 号电容器开关动作次数 1750 次作为参考。

## 2 设备故障情况

2013 年该变电站 10kV 528 断路器在控制屏显示控制回路断线故障信号现场可以手动正常复归，经继电保护人员及开关柜厂家反复处理后（未查到明确的故障原因）开关投入运行，运行一段时间后又出现相同的故障信号，值班员口述开关控制回路断线故障信号及偶尔开关一合就跳现象，开关停电检查发现：

（1）打开断路器操动机构面板，检查发现端子（QF-12、QF-15）已虚接在端子排上，如图 2-1 所示。

图 2-1 断开虚接的端子排

（2）在检查机构时发现位于合闸线圈上方的一颗10cm横向固定螺母松动，检查其他螺母都无松动情况，如图2-2所示。

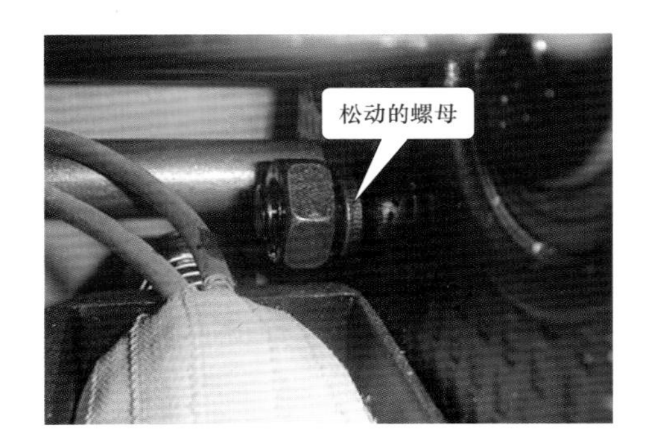


图2-2　螺母松动情况

（3）机构内部的凸轮及制子磨损严重，如图2-3所示，在做低电压动作时合闸36V、分闸65V，其中有一次为一合即跳的情况。

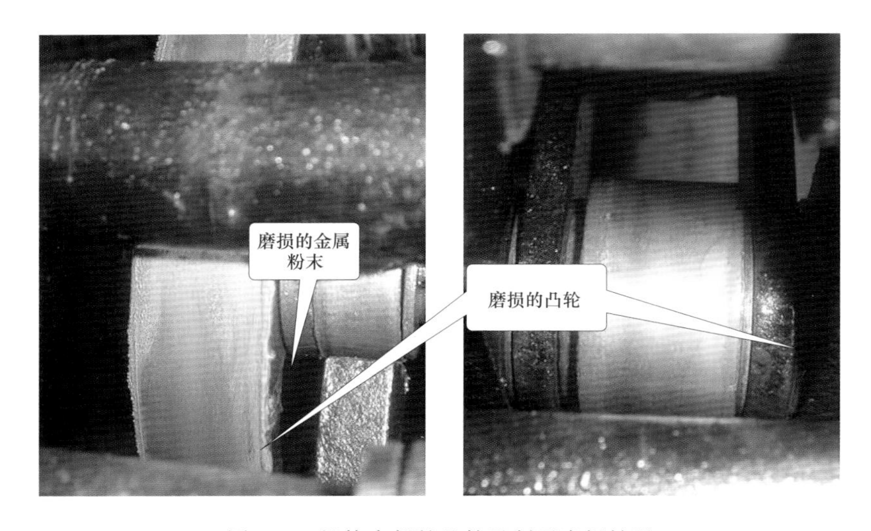


图2-3　机构内部的凸轮及制子磨损情况

## 3 故障处理

（1）将虚接、断开的端子重新接上端子，并检查机构内部所有端子的接线情况，确保接触稳固、良好。

（2）将合闸线圈上方有松动的螺母进行紧固，并检查机构的所有螺母，确保无松动。

（3）经过多次反复调整合闸半轴的搭接量，直至螺栓调整至极限不能再调整，把合闸动作电压由原来的36V提升至43V，并进行了30次的分合闸实验，其中又有一次出现了一合即跳的情况。

## 4 故障分析

（1）接线断开的端子QF-12是辅助开关的回路节点，此处断开虚接是导致断路器出现控制回路断线故障信号的主要原因，当断路器在分合闸时由于震动致使回路瞬间断开又接上发出故障信号，在手动复归后断路器又可以正常操作一次，这就是故障信号反复出现而又不稳定的原因，在将端子二次线制作好接线耳装上后反复操作都没有出现控制回路断线故障信号。

（2）由于凸轮及制子磨损严重导致机构偶尔无法保持正常动作状态，导致了开关一合即分，这种机械磨损不可修复又不能调整，只能更换操动机构。

（3）合闸线圈上方螺栓的松动对机构正常工作影响不是很大。

## 5 同类型设备情况

CT19型机构目前为某供电局XGN柜开关的主要操动机构，其成熟的设计和优越的操动性能使其得到了广泛的应用。但是这种机构属于20世纪90年代的主流产品，到目前为止已运行十多年，机构磨损严重、润滑条件下降、分合闸线圈烧毁等常见缺陷频频发生，加上这种机构非免维护设计，某供电局负荷长期重载运行，设备维护难以做到步步到位，成为这种机构在目前运行中的主要弊病。

## 6 防范措施

（1）对于本528断路器凸轮及制子磨损严重存在偶尔一合即跳的情况

不可修复，需要更换操动机构，但在断路器储能后仍能继续合闸，断路器虽然暂时可以运行，但建议尽量少操作。建议尽快订制相同型号操动机构更换，防止开关误动作。

（2）对 10kV 开关柜开展差异化的检修维护策略，重点对 CT19 这种运行时间较长、结构设计复杂的机构进行定期维护，建议每 3 年不少于 1 次，同时，结合停电及消缺工作，对该类型机构进行维护。

（3）CT19 型机构维护重点在于除锈、添加润滑油，检查分合闸线圈复归弹簧的弹性，检查分合闸半轴的搭接量在 1~2mm 范围之内，检查分闸油缓冲器的性能情况，并且增加端子排接线情况的检查。

# 3 110kV 某变电站 2 号主变压器 10kV 侧 5022 乙隔离开关及 502 乙断路器故障及处理情况

## 1 设备参数

（1）故障设备：5022 乙隔离开关及 502 乙断路器。

（2）开关型号：ZN28。

（3）隔离开关型号：GN30-10/3150。

（4）开关柜型号：XGN。

（5）设备生产日期：2000 年 11 月。

（6）设备投运日期：2001 年 5 月 28 日。

## 2 设备故障情况

2010 年 1 月 12 日 17 时 15 分，110kV 某变电站 2 号主变压器低压 5022 乙隔离开关及 502 乙断路器故障，导致 2 号主变压器及 10kV Ⅱ段母线 502 甲、502 乙失压事故。

现场检查发现，502 断路器及 5022 隔离开关有严重烧伤痕迹，如图 3-1 所示。

图 3-1　502 乙断路器严重烧伤

其中，502断路器的B、C相绝缘拉杆与拐臂连接处已熔断，拐臂与绝缘拉杆的连接销烧熔，5022乙隔离开关下动、静触头有电弧烧伤痕迹，在开关柜的上支架和5022乙隔离开关下动、静触头及开关柜侧封板上布满烟尘。

## 3 故障处理

为减少因事故造成的用户停电时间，经上级指示，工作人员将5022乙隔离开关动触头拆除，与10kV Ⅱ乙段母线隔离，将502乙断路器至5022隔离开关铜排拆除，与2号主变压器及10kV Ⅱ甲段母线隔离，迅速恢复2号主变压器、10kV Ⅱ甲段母线及10kV Ⅱ乙段母线供电。

随后，由厂家负责对502乙断路器及5022乙隔离开关进行更换，并对开关柜进行清洁。更换后，对断路器做回路电阻测试，测得A相16μΩ、B相14μΩ、C相16μΩ，最低动作电压为98V，机械特性测量合格，502乙断路器及5022乙隔离开关恢复正常运行。

## 4 故障分析

从故障设备的情况来推断，本起短路故障是由于5022乙隔离开关发热引起的，热量引起A相静触头的触指烧伤并熔化，使动、静触头的接触面积减少，进一步加剧了隔离开关的发热，并引起断路器在上支架拐臂处的三相短路，短路电弧高温烧熔了拐臂与绝缘拉杆的连接销，使绝缘拉杆与拐臂脱落。

## 5 同类型设备情况

该变电站大电流的GN30隔离开关还有5011、5022甲、5033、5501、5502、5001、5002，它们都属于同型号、同厂家的同一批次隔离开关，另外，还有大量的该类型隔离开关在运行，本次故障是由于环境温度高、负荷重、设备老化共同作用引起的，对于同类型的设备，同样存在着负荷电流大、运行温度高的现象，需引起关注。

## 6 防范措施

该厂的开关柜存在严重的家族性缺陷，其发热缺陷不容忽视，需做好以下防范措施：

（1）针对运行环境断路器设备老化的情况，综合断路器运行状况，对断路器进行定期的检查维护，如结合预防性试验定期检查，对设备进行清洁，检查断路器的开距、压缩行程及回路电阻，对断路器过电流部分的连接螺栓用力矩扳手进行全面的检查。为改善运行环境，有条件的可以在高压室安装空调，以确保断路器能健康、安全地运行。

（2）由于断路器的发热是一个渐进的过程，是一个恶性循环的过程，其发热的温度与电流的增大是非线性的，因此对断路器的运行温度进行在线监测（如在接头加装示温片及进行红外线测温），使断路器的发热消除在萌芽状态。

（3）加强该厂断路器及GN30隔离开关的验收工作，使验收规范化、标准化。如制定真空断路器的验收标准和验收项目表格，验收过程根据验收项目表格逐项进行验收，对验收的项目进行量化，确保工程验收质量。

# 110kV 某变电站 4 号电容器 527 断路器爆炸故障处理及分析

## 1 设备参数

（1）设备型号：ZN28-10Q/1250-31.5。

（2）设备参数：额定电流 1250A。

（3）投产日期：1998 年 6 月 17 日。

## 2 设备故障情况

### 2.1 设备故障经过

2011 年 5 月 7 日 7 时 39 分，110kV 某变电站在合 4 号电容器组 527 断路器时，断路器立即跳闸，527 开关保护装置发“限时电流速断保护动作 ABC 相，$I_b=112.95A$”信号，反映 B 相有故障，跳 527 断路器。随即，次级 502 乙断路器跳闸，502 乙开关保护装置发“Ⅳ段复压闭锁过流保护动作 AC 相，$I_a=35.19A$”“母线保护动作 AC 相，$I_a=35.19A$”信号，反映母线差动保护范围内有故障，跳 502 乙断路器。事故造成 10kV Ⅱ乙段母线失压。随后，经值班员检查发现，故障点在 527 断路器真空泡处，便迅速隔离 527 断路器，及时恢复Ⅱ乙段母线运行。

### 2.2 设备检查情况

发生故障的 4 号电容器组的开关柜为 XGN 型，开关型号为 ZN28-10Q，搭配 CT19 操动机构，于 1998 年 6 月投运至今。对故障现场进行检查和分析发现：

（1）真空断路器上支架有明显的三相短路痕迹，各相的真空泡外壁都有不同程度的损伤，其中 A、C 相爆裂，B 相有裂纹（相真空泡外壁炸裂如图 4-1 所示）。

（2）拆下开关连接母排后发现，真空泡上支架接触面处三相都有明显的灼伤痕迹（如图 4-2 所示），而下接触面完好。由此可见，短路点在真空泡上支架连线处，短路时开关已跳闸，巨大的短路电流只灼伤了上支架接触面。

图 4-1　相真空泡外壁炸裂图片

图 4-2　上支架接触面灼伤图片

（3）敲碎真空泡的外壁进行内部检查，发现 C 相内部的触头、真空罩烧伤严重（如图 4-3 所示），而 A、B 相完好。由此可知，C 相灭弧室是电弧从里面烧伤的，A、B 相真空泡外壁则是从外部烧伤的。

图 4-3　C 相内部的触头、真空罩烧伤图片

（4）开关机构指示该断路器在分位，通过测量开距点、敲碎真空泡观察触头位置也证实断路器在分位，由此可知，断路器跳闸成功。

（5）检查电容器组，发现 B 相 B14 的熔丝熔断，测量容值及进行耐压试验均合格。

## 3　故障处理

故障发生后，检修人员立即采取抢修措施，以尽快恢复母线送电：

（1）更换 5272 隔离开关下侧三相静触头，动触头检查无损伤，进行相应的维护处理。

（2）拆除损毁严重的527断路器，重新更换一台新的527断路器，并进行相应的机械特性测试，分合闸时间、弹跳、不同期等测试项目合格，开关机构性能检查合格。

（3）重新制作527断路器至5272隔离开关静触头的连接母排，并按力矩标准进行紧固安装。

（4）更换操动机构至小母线室的二次连线。

（5）清洁整个527开关柜内部，抹掉熏黑的烟尘，扫除各处散落的瓷、金属碎片，并整体上对开关柜进行维护。

## 4 故障分析

电容器组在送电时，因B14熔丝熔断而产生差动电流，该电容器组采用的差动电流保护动作，使断路器立即跳闸。在分闸的过程中，C相真空泡因未能熄灭电弧（从内部严重烧伤可知），导致灭弧室爆炸，并引起上支架处三相断路。据故障录波可知，当时断路电流为24kA，巨大的断路电流导致上支架接触面灼伤，并从外部烧伤A、B相真空泡，但未能破坏其内部。

可以明确，事故是从C相真空泡未能有效灭弧开始的，且根据断路器在分位可知，真空泡未能熄灭的是跳闸时的电弧。造成灭弧失败的可能原因有：① 真空度下降；② 分闸时触头反弹幅值过大。

该断路器在2009年做了耐压试验并合格，由此可见，分闸时触头反弹幅值过大引起灭弧失败的概率较大。另外，电容器通过的是容性电流，根据灭弧的特性，真空断路器熄灭容性电流要比熄灭感性电流困难得多。

## 5 同类型设备情况

某供电局大量的XGN柜采用了该ZN28-10Q型断路器，它属于20世纪90年代初的主流产品，经过十多年的生产运行，该断路器普遍出现了机构磨损严重、润滑条件下降、分合闸线圈烧毁等常见缺陷。加上这种机构非免维护设计，某局负荷长期重载运行，设备维护难以做到步步到位，成为这种机构在目前运行中的主要弊病。

## 6 防范措施

（1）针对电容器开关目前的运行状况进行综合评估，尤其是投产超过一定年限的。真空断路器正常操作的机械寿命、电气寿命都为10 000次，此电容器开关运行13年（截至故障发生时），以平均每天操作3次计算，分合次数已达$3\times365\times13=14\ 235$次，远超过了规定的次数。另外，目前有很多计数器已经损坏，需要进行调查和处理，以获得准确数据，为设备评估作参考。

（2）做机械特性测试时除常规项目外，还应重点包括分闸反弹项目。

（3）检查缓冲器的性能状况。缓冲器的作用是吸收开关分闸时过剩的能量，否则分闸拐臂会与机构发生硬性碰撞，这是导致触头反弹的主要原因。由于运行的时间过长，且缺乏维护，部分缓冲器已失效，因此必须要认真地检查与维护，确保其功效良好。

（4）重视灭弧室的真空度测试。根据相关试验规程规定，电容器开关灭弧室真空度的测量周期为3年一次。虽然目前可通过耐压试验来代替，但耐压试验只是定性，不能定量反映真空度，即在真空度临近不合格时，耐压试验同样可以通过，却不能反映真空度已临近不合格这一状况，此时，分闸操作如果再诱以触头反弹过大等因素，就会造成灭弧失败的事故。

（5）测量回路电阻值，主要是检测动、静触头的接触情况。

# 5 110kV 某变电站 3 号电容器 526 断路器控制回路断线分析

## 1 设备参数

（1）设备名称：110kV 某变电站 3 号电容器 526 断路器控制回路断线。

（2）设备类别：断路器类。

（3）设备型号：VK-1212B32。

（4）出厂日期：2005 年 12 月。

## 2 设备故障情况

### 2.1 设备故障经过

2012 年 4 月 28 日，值班员在投退电容器操作时，手车在工作位置，分闸操作后，3 号电容器组 526 断路器保护装置显示“控制回路断线”。值班员现场手动摇出开关手车，再摇入开关手车，“控制回路断线”信号消失。

### 2.2 设备检查情况

故障出现时手车在工作位置，分闸操作后，3 号电容器组 526 断路器保护装置显示“控制回路断线”。到现场后对设备缺陷情况进行分析，故障出现的时间节点是手车在工作位置，经过分闸操作后，初步推断是合闸回路故障，并对以下几点进行检查：

（1）二次回路导线断路或接触不良；

（2）断路器分合闸时受震动影响；

（3）辅助触点微动断路器故障；

（4）机械零件破损。

## 3 故障处理

从 4 号电容器 527 断路器中拆除闭锁线圈支架装在 3 号电容器 526 断路

器中。4 号电容器 527 断路器退出备用。3 号电容器 526 断路器验收后投入运行。

## 4 故障分析

依据设备以上检查情况进行以下缺陷分析：

（1）用万能表测量每条导线电阻，未发现导线断路或接触不良。初步排除导线断路或接触不良引起控制回路断线。

（2）手车摇到试验位置，手摇储能，手动分合闸。测量断路器控制回路是否通路。手动分闸和合闸过程中用手锤敲击施加震动，测量未见控制回路断路。初步排除手车分合闸过程中震动引起控制回路断路。

（3）手车摇到试验位置，手摇储能，接通控制电源，电动分合闸。线圈动作带动辅助触点微动开关动作，测量微动开关接通、断开状态正常。初步排除辅助触点微动开关故障引起控制回路断线。

（4）手车摇到试验位置，手摇储能，接通控制电源，手动分合闸。在分合闸过程中发现闭锁线圈支架有轻微松动，经检查发现闭锁线圈支架连接处有裂纹。反复进行手动分合闸测试，发现闭锁线圈偶尔出现与支架卡塞的情况，不能接通闭锁线圈微动开关，导致控制回路断路。

经过初步缺陷分析确定，由于闭锁线圈支架连接处有裂纹，支架松动、形变，导致闭锁线圈动作时与支架卡塞，不能接通闭锁线圈辅助触点的微动开关，导致控制回路断路。同时由于连接处过于单薄，机械强度不足，导致连接处出现裂纹。

## 5 同类型设备情况

该变电站总共有 51 台此种断路器。该开关柜投运于 2008 年 8 月 5 日，断路器型号为 VK-1212B32。

暂时发现 4 号电容器 527 断路器、5 号电容器 536 断路器出现同类型的缺陷，其他断路器设备运行情况良好。

## 6 防范措施

（1）措施建议：厂家发货补充备件，包括闭锁线圈支架、闭锁线圈、辅助触点微动开关、储能开关。

（2）整改措施建议：重新设计闭锁线圈支架，增加支架机械强度。支架配套安装螺栓换为内六角螺栓，以方便安装。

# 6 110kV 某变电站 503 断路器发热分析

## 1 设备参数

（1）设备名称：3 号主变压器 10kV 侧 503 断路器。

（2）设备类别：断路器类。

（3）设备型号：ZN28-10Q。

（4）设备参数：额定电压 10kV，额定电流 3150A。

（5）出厂日期：1997 年 1 月。

## 2 设备故障情况

### 2.1 设备故障经过

2012 年 5 月 9 日，工作人员针对该类开关柜进行红外测温。在对 110kV 某变电站 3 号主变压器 10kV 侧 503 开关柜进行红外测温时，工作人员发现 503 断路器 A 相上支架铜排搭接面发热温度为 88.34℃；B 相上支架铜排搭接面发热温度为 75℃，C 相上支架铜排搭接面发热温度为 127.97℃，当时运行电流为 2030A。测温图如图 6-1、图 6-2 所示。

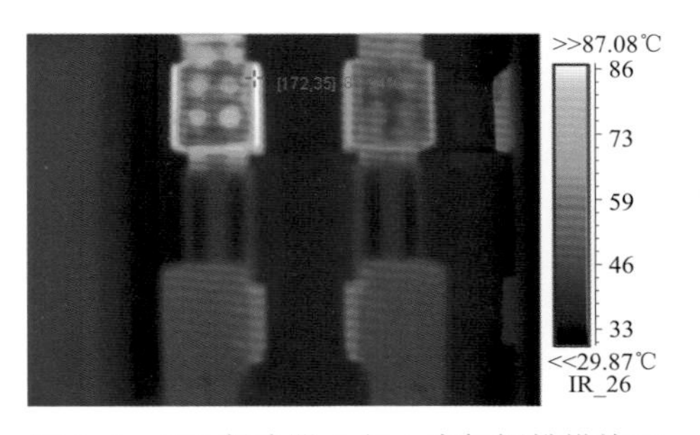


图 6-1　503 断路器 A 相上支架铜排搭接面

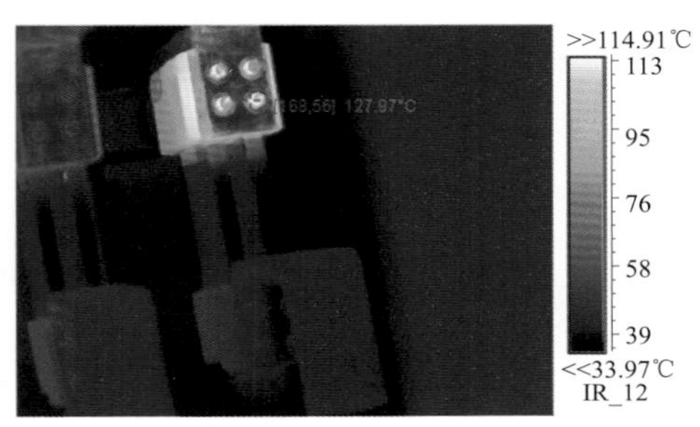


图 6-2　503 断路器 C 相上支架铜排搭接面

根据 DL/T 664—2008《带电设备红外诊断应用规范》（见表 6-1）中的“电气设备与金属部件的连接”热点温度>110℃或 $\delta \geqslant 95\%$，判断为紧急缺陷。

表 6-1　　带电设备红外诊断应用规范

| 序号 | 部位 | 一般缺陷 | 重大缺陷 | 紧急缺陷 |
| --- | --- | --- | --- | --- |
| 1 | 电气设备与金属部件的连接 | 温差不超过 15K，未达到严重缺陷的要求 | 热点温度>80℃或 $\delta \geq 80\%$ | 热点温度>110℃或 $\delta \geq 95\%$ |
| 2 | 金属部件与金属部件的连接 | 温差不超过 15K，未达到严重缺陷的要求 | 热点温度>90℃或 $\delta \geq 80\%$ | 热点温度>130℃或 $\delta \geq 95\%$ |

## 2.2　设备检查情况（包括外观检查、内部检查等）

### 2.2.1　力矩检查

拆卸前，工作人员对 503 断路器真空灭弧室动支架紧固螺栓进行力矩检查。当时现场检查发现断路器的上导电支架与铜排连接的螺栓采用的是 4.8 级 M12 的螺栓，其紧固力矩在 31.4~39.2N·m 之间，远远不能达到运行的要求，造成接触面的压力不够，接触电阻增大。紧固螺栓的力矩大小直接影响接触面的压力大小，接触面压力大小 $F$ 对接触电阻 $R_c$ 有重要影响。根据接触电阻计算的经验公式

$$R_c = \frac{K_c}{(0.1F)^m}$$

式中　$F$——接触压力；

$m$——与接触形式有关的系数；

$K_c$——与接触材料、表面情况、接触方式有关的系数。

由此可见，压力变小，接触电阻将会增大，从而造成设备发热严重。因此，造成这次某站 503 断路器 A、C 相发热的原因之一是 503 断路器真空灭弧室 C 相动支架搭接面的紧固螺栓选型不当，达不到力矩要求。因此，工作人员决定在重新安装真空灭弧室时，按照工艺要求对支架紧固螺栓重新打力矩并加大力矩要求。

### 2.2.2　透光法检查接触面平整度

通过透光法可以发现，真空灭弧室与动支架搭接面处存在不平整，主

要表现在真空灭弧室接触面四周出现微小突起和边缘油漆有小量渗入，如图 6-3 所示。

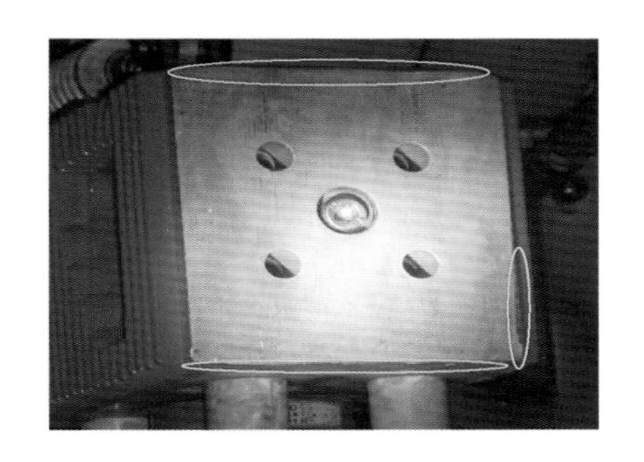

图 6-3　表面突起和油漆

这些突起和油漆造成动支架搭接面不能紧密接触，造成接触电阻增大，导致负荷较大时，设备发热严重。这也是导致这次设备缺陷的原因之一。

针对这个原因，工作人员对设备接触面进行了修整处理。

此外，工作人员发现铜排螺孔边缘没有倒角，螺孔周围有突起的铜屑，使接触面不能紧密接触，也是造成这次 503 断路器发热的原因之一。工作人员对铜排螺孔进行加工处理，在螺孔边缘加工倒角，以消除缺陷。

#### 2.2.3　接触面外观检查

503 断路器接触面虽不与空气相接触，但周围空气中的氧气分子会从接触点周围逐渐入侵，容易在接触面表面形成氧化物。这样会使接触面积减小，使接触电阻增加。从现场情况可以看出，上支架搭接面表面上出现氧化，如图 6-4 所示。

图 6-4　接触面氧化情况

### 2.3　设备试验情况（故障前）

现场回路电阻测试数据见表 6-2。

表 6-2　现场回路电阻测试数据

| 测量部位 | | 上支架搭接面 | 下支架搭接面 | 回路电阻 |
|---|---|---|---|---|
| 阻值（μΩ） | A 相 | 12.3 | 4.0 | 34.7 |
| | B 相 | 11.9 | 4.6 | 34.2 |
| | C 相 | 26.2 | 2.1 | 39.7 |

## 3 故障处理

### 3.1 接触面平整度处理

针对接触面边缘不平整的情况，现场工作人员对各接触面不平整部分进行修整，并利用圆挫对螺孔进行倒角的加工处理，使其接触更加紧密，减小接触电阻。

### 3.2 接触面氧化物处理

针对这一情况，现场工作人员在 A、C 相搭接铜排拆卸后，对其各接触面进行清理。

### 3.3 力矩不足处理

接触面处理后，现场工作人员对设备重新进行安装，并按技术要求对其螺栓重新打力矩，以确保接触面压力充足，减小接触电阻。安装完成后，为确保检修效果，现场工作人员再次对断路器进行回路电阻测试，并在设备重新投入运行后对其进行红外测温，确保处理后效果。

## 4 故障分析

针对以上设备故障检查及处理情况，分析设备发热是由以下三个方面的原因造成的：

（1）接触面不平整导致接触不良。

（2）接触面氧化使接触电阻增大。

（3）力矩不足致使接触电阻增大。

## 5 同类型设备情况

15 个变电站共 31 段母线 10kV 开关柜设备生产日期在 1997~2009 年不

等，缺陷主要发生在运行时间较长、负荷较重的设备上，如A变电站503断路器发热缺陷、B变电站516断路器线圈故障缺陷等。

## 6 防范措施

### 6.1 巡检中心运行人员巡视检查方面

（1）对ZN28-10Q/3150型断路器运行数据信息进行全面监控及汇总分析，当设备的运行负荷电流达到或超过2000A时，必须每周安排人员对设备进行红外线测温，同时，如果设备的负荷电流变化增大超过额定电流的10%时，必须安排人员对设备进行红外线测温，及时了解设备发热情况。设备运行温度达到100℃及以上时应及时上报检修分部。

（2）改善设备的运行环境，检查开关柜柜内的通风风扇及高压室排气扇运转是否正常，当高压室内现场运行环境温度达到或超过45°时，必须及时上报运行分部，申请高压室加装空调设施，确保设备在良好的环境下运行。

（3）根据设备的月度停电计划，在设备停电前一周对设备进行红外线测温，并将测温结果上报。

### 6.2 检修专业设备管理方面

检修人员应及时了解设备的运行情况，结合停电前运行人员对设备红外线测温的图谱进行综合评估分析，对设备进行专项检查维护，及时发现设备缺陷，使断路器的发热消除在萌芽状态。

# 7 110kV 某变电站 1 号主变压器 10kV 侧母线桥发热缺陷分析

## 1 设备参数

（1）设备名称：1 号主变压器 10kV 侧母线桥软连接。

（2）设备类别：导体类。

（3）投运日期：2004 年 4 月 7 日。

## 2 设备故障情况

### 2.1 设备故障经过

110kV 某变电站 1 号主压器 10kV 侧母线桥 A 相软连接处测温发现为 153℃，测温时间是 5 月 29 日 16 时 30 分，当时负荷为 2600A，环境温度为 31℃。测温图如图 7-1 所示。

图 7-1　1 号主变压器 10kV 侧母线桥软连接测温图

根据 DL/T 664—2008 带电设备红外诊断应用规范中的“电气设备与金属部件的连接”热点温度>110℃或 $\delta \geqslant 95\%$，判断为紧急缺陷。

### 2.2 设备检查情况（包括外观检查、内部检查等）

#### 2.2.1 设备试验情况

现场对软连接进行回路电阻测试，测试数据见表 7-1。

表 7-1 回路电阻测试数据（故障前）

| 测量部位 | A 相 | B 相 | C 相 |
|---|---|---|---|
| 阻值（μΩ） | 21.8 | 48.5 | 101.3 |

#### 2.2.2 力矩检查

拆卸前，工作人员对 1 号主变压器 10kV 侧母线桥软连接紧固螺栓进行力矩检查。当时现场检查发现软连接使用的是 4.8 级 M16 的镀锌螺栓，其紧固力矩在 80~90N·m 之间。软连接螺栓力矩检查情况见表 7-2。

表 7-2 软连接螺栓力矩检查情况

| 力矩（N·m） | A 相 | | | | B 相 | | | | C 相 | | | |
|---|---|---|---|---|---|---|---|---|---|---|---|---|
| 编号 | 1 | 2 | 3 | 4 | 1 | 2 | 3 | 4 | 1 | 2 | 3 | 4 |
| 主变压器侧 | 59 | 59 | 59 | 59 | 60 | 60 | 60 | 60 | 60 | 60 | 59 | 60 |
| 母线侧 | 90 | 90 | 90 | 90 | 90 | 59 | 80 | 70 | 72 | 80 | 70 | 69 |

由此可见，压力变小，接触电阻将会增大。现场检查结果发现，软连接紧固螺栓部分未达到要求力矩，导体接触电阻分布不平均，从而造成设备发热严重。

#### 2.2.3 外观检查情况

工作人员对软连接进行拆卸，发现有部分导电膏粘附在软连接与母线搭接处，并且导电膏已经呈固态，如图 7-2 所示。

#### 2.2.4 接触面平整度检查

由于紧固螺栓力矩不平均，工作人员怀疑接触面有所变形，用透光法对接触面进行检查，发现接触面有不平整现象。

图 7-2　软连接与母线搭接处情况

## 3 故障处理

### 3.1　接触面平整度处理

针对接触面不平整的情况，现场工作人员对各接触面不平整部分进行修整，并利用圆挫对螺孔进行倒角的加工处理，使其接触更加紧密，减小接触电阻。

### 3.2　接触面导电膏处理

针对这一情况，现场工作人员对软连接及母线搭接面进行打磨处理，将导电膏清理干净。打磨处理后在接触面涂抹凡士林。

### 3.3　力矩不足处理

接触面处理后，现场工作人员对软连接重新进行安装，并按技术要求对所有螺栓重新打力矩（90N · m），以确保接触面压力充足，减小接触电阻。安装完成后，为确保检修效果，现场工作人员再次对断路器进行回路电阻测试，并在设备重新投入运行后对其进行红外测温，确保处理后效果。处理后的回路电阻测试数据见表 7-3。

表 7-3　　回路电阻测试数据（处理后）

| 测量部位 | A 相 | B 相 | C 相 |
| --- | --- | --- | --- |
| 阻值（μΩ） | 3.5 | 6.1 | 4.6 |

## 4 故障分析

（1）力矩不足致使接触电阻增大。

（2）接触面使用导电膏，导电膏硬化导致接触电阻增大。

（3）接触面不平整导致接触不良。

## 5 防范措施

### 5.1 巡检中心运行人员巡视检查方面

（1）在负荷高峰时须每周安排人员对设备进行红外线测温。同时，如果设备的负荷电流变化增大超过额定电流的 10% 时，必须安排人员对设备进行红外线测温，及时了解设备发热情况。设备运行温度达到 100℃ 及以上时应及时上报检修分部。

（2）根据设备的月度停电计划，在设备停电前一周对设备进行红外线测温，并将测温结果上报。

### 5.2 检修专业设备管理方面

检修人员应及时了解设备的运行情况，结合停电前运行人员对设备红外线测温的图谱进行综合评估分析，对设备进行专项检查维护，及时发现设备缺陷，使设备发热消除在萌芽状态。